정 대위의
군사 법률 이야기

정 대위의 군사 법률 이야기

2024년 8월 9일 초판 1쇄 찍음
2024년 8월 15일 초판 1쇄 펴냄

지은이 정우민 | 디자인 프라이빗엘리펀트 | 본문조판 민들레
펴낸곳 다돌책방 | 펴낸이 권현준 | 등록번호 제2023-000120호
전화 0505-300-1945 | 팩스 0505-320-1945 | 주소 서울시 강서구 공항대로 200, 703호 | 전자우편 ddadol@gmail.com

ISBN 979-11-90311-16-8 03360

ⓒ 정우민, 2024

책값은 뒷표지에 있습니다.

정 대위의
군사 법률 이야기

정우민 지음

다돌책방

들어가며

얼마 전 전세자금 대출을 신청하러 은행에 갔습니다. HUG, HF, 보증보험, CD, IRP… 은행 직원은 분명 한국말을 하고 있었는데 거의 대부분 못 알아들었습니다. 은행 창구 앞에서 멍하게 앉아 있기를 여러 번 되풀이하다가, 결국 은행에서 일하는 친구에게 도움을 요청했습니다. 친구는 웃으면서 대답했습니다.

"그거 별거 아니야. 이렇게 하면 웬만하면 될 거야."

살아가다가 법적인 문제가 생겨 법률가를 찾아간 사람들도, 제가 은행에서 느꼈던 것과 비슷한 감정을 느끼지 않을까 싶습니다. 우리는 특별한 문제가 생겼을 때 법률가를 찾습니다. 가장 위험하고, 가장 곤혹스러운 문제가 생기면 경찰, 검찰, 법원, 그리고 변호사 사무실을 오갑니다. 그런데 특별한 문제로 마음이 급해진 바로 그때, 이해하기 어려운 법률 용어를 마주하고 더욱 당황하고는 합니다.

은행에서 일하는 친구가 제게 해준 말은, 제가 군대에서 법률 상담을 하면서 제일 많이 했던 말이었습니다. 법의 언어도 알고 보면 별것 아닌데, 익숙하지 않아 어렵게 느끼는 경우가 많습니다. 특히 군대에서 다루는 법률이라면 더욱 그렇습니다. 어려운 단어 하나에 가로막혀서, 어떻게 해야 할지 고민하고 망설이다, 대처하지 못하는 경우가 무척 많았습니다. 제가 은행원 친구에게 도움을 받았듯이, 제가 도움이 될 수 있는 방법은 없을까 하는 생각으로 이 책을 시작했습니다.

제가 군대에서 법무 장교로 있으면서 했던 일 가운데는 법률 상담과 법률 교육이 있었습니다. 200여 회 정도 진행했던 법률 교육과 그보다 많았던 법률 상담의 경험을 바탕으로 군대에서 자주 발생할 수 있는 사고와 법률 문제를 중심으로 이야기를 풀었습니다. 사건과 사고가 발생했을 때 법적으로 어떻게 대응하고 처리하면 좋은지에 대해 실무에서 쓸 수 있는 내용과 참고해 볼 수 있는 사례를 정리했습니다. 그러나 무엇보다 법적인 문제가 생기지 않는 것이 제일 좋겠죠. 그래서 '예방'이라는 측면에서 도움이 될 수 있는 것도 적어 보려고 했습니다.

이 책을 처음 시작할 때는 중대장급 이상 지휘관에게 도움이 되면 좋겠다고 생각했습니다. 하지만 막상 이야기를 풀어가다 보니 소대장급 이하 지휘자, 또한 사관생도와 부사관, 그리고 용사도 함께 읽으면 좋겠다는 욕심이 났습니다. 최선을 다해 썼지만 첫 책이라 부족한 면이 보입니다. 그런 이유로 독자들에게 어떻게 다가갈지 두렵기도 합니다. 그럼에도 현장에서 독자들에게 쓸모가 있는 책이 되길 바랍니다.

그리고 서울 집을 떠나 광주에서 일하는 아들을 늘 걱정하고 살펴주시는 어머니, 제가 원고를 쓰는 동안 아낌없는 사랑과 지지와 응원을 보내준 희주에게 고마움을 전합니다.

2024년 7월
정우민

차례

들어가며 005

I. 경계 011

가장 중요한 임무, 경계 012 / 경계근무를 수행하는 초병이란 014 / 초병의 권한은 상관에 준한다 016 / 열쇠를 제대로 나눠주고, 제대로 사용하라 020 / 초병의 의무를 지키지 못하면 징역 021 / 초병은 특별한 보호를 받는다 024 / 문은 혼자서 지킬 수 없다 027

II. 대상관범죄 029

상관에게 저지르는 범죄 030 / 상관은 지시를 내릴 수 있는 사람 031 / 용사 사이에서는 분대장일 경우에만 상관 033 / 준군인인 군무원과 임관 전의 후보생에게도 상관이 있다 034 / 대통령은 모든 군인에게 상관이다 036 / 기존 육군 병영생활행동강령의 부작용 037 / 분대장이 아닌 용사도 직무 관련 지시를 할 수 있다 039 / 대상관범죄는 상관의 지휘권을 보호한다 041 / 뒷담화도 상관모욕죄 046 / 사실을 말해도 명예훼손죄 048 / 여군 상관에 대한 성희롱 050 / 형사처벌을 피해도 무거운 징계를 받을 수 있다 051

III. 성범죄 055

성범죄는 민간 사법기관에 맡겨라 056 / 군에서 해야 하는 일 057 / 상대방의 동의 없이 행동하지 말 것: 일반성범죄 058 / 동성끼리는 강간이 성립하지 않는다 060 / 피해자가 의식이 없을 때, 합의했어도 성범죄가 될 때 062 / 범죄 결과로 이어지지 않았을 때 063 / 동의가 없었는데 만졌다면 강제추행죄 065 / 고의 없이 만졌다면 무죄 067 / 디지털 성범죄는 가까운 곳에 있다 071 / 음란한 사진을 찍지 말자 075 / 성희롱 처벌을 가볍게 생각하지 말 것 077 / 2차 피해 079 / 불필요한 농담으로 죄를 짓지 말자 081 / 성범죄는 양성평등 계통에 신고하라 083 / 지휘관은 피해자를 중심으로 조치할 것 084 / 지휘관은 가해자와 피해자를 분리 086 / 지휘관은 양성평등 계통과 상의 087 / 강간, 유사강간죄가 발생했을 때는 빠르게 경찰에 연락 088 / 피해자의 마음을 제쳐두고 합의해선 안 된다 091 / 합의는 거래와 비슷하다 093 / 합의는 변호사의 도움을 받아서 095 / 합의금을 받기 전에 합의서에 서명하지 마라 096 / 합의는 피해자를 위해서 하는 것 098 / 당신의 잘못은 아니지만 고통이 사라지는 것은 아니다 099

IV. 무고 103

무고죄 성립 기준: 거짓말 104 / 무고죄로 처벌받는 거짓말의 기준 106 / 기억나는 대로만, 솔직하게 말하면 괜찮다 108

V. 음주운전 111

강화된 음주운전 처벌 112 / '주차만 하지'라고 생각하지 마라 114 / '전날 마셨으니까'라고 생각하지 마라 116 / 음주운전 차량에 타지 말 것 117 / 술자리 대책을 충분히 마련하라 119

VI. 교통사고 123

과실과 업무 124 / 종합보험에 가입하고, 12대 중과실을 기억하자 126 / 뺑소니는 처벌이 더 무겁다 130 / 즉시 차를 멈추고 신원을 알려라 130 / 병원까지 데려다 줄 것 133

VII. 군인의 정치적 중립 135

정치적 중립 의무 136 / 물어보지도 마라 138 / 정치 관련 SNS 게시물은 확인만 139 / 선거운동 기간에는 특별히 조심해야 한다 142 / 투표 인증샷은 오해의 소지가 없게 143 / 사적 모임, 후원금, 여론조사 응답 144

VIII. 도박, 불법 금전거래 147

병영도 도박에서 예외일 수 없다 148 / 불법 도박은 불법 금전거래로 이어진다 153 / 대포통장과 대포폰 153

찾아보기 156

I

경계

가장 중요한 임무, 경계

경계는 군인의 임무 중 가장 중요한 임무 가운데 하나입니다. 경계는 군인 고유의 임무이며, 경계근무는 군 작전의 기초입니다. "작전에 실패한 군인은 용서할 수 있어도 경계에 실패한 군인은 용서할 수 없다"라는 말처럼, 경계의 중요성은 아무리 강조해도 지나치지 않습니다.

경계근무는 다른 임무와 달리, 국회가 만든 법률(「군형법」, 「군인의 지위 및 복무에 관한 기본법」)에서 직접 규정하는 몇 안 되는 임무입니다. 민간인인 국회의원들은 군사에 관한 사항을 세세하게 알지 못합니다. 따라서 국회의원들이 직접 만드는 법률에 군인이 수행하는 세세한 임무까지 규정하지 않습니다. 국회의원들은 큰 틀에서 법률로 방향을 정하고, 세부적인 것은 대통령, 국방부 장관, 또는 각 부대의 지휘관이 정할 수 있도록 위임합니다.[1] 예를 들어 국방부 훈령, 각 군 규정은 '국회의원들이 국방부 장관과 각 군 참모총장에게 위임해, 국방부 장관과 각 군 참모총장이 만든 규정'입니다.

그럼 군사 관련 전문가들이 만든 규정이 더 중요할까요? 국민이 국방부 장관과 각 군 참모총장을 직접 뽑지 않습니다. 그러나 법률을 만드는 국회의원들은 모두 선거로 국민이 직접 뽑습니다. 민주주의는 국민에 의한 정치 제도이며, 국민이 직접 뽑은 사람이 더 큰 권한과 힘을 가집니다. 따라서 국회의원이 국방부 장관과 각 군 참모총장보다 더 큰 권한을 가져야 합니다. 즉 국방부 장관과 각 군 참모총장이 만든, 국방부 훈령과 규정은 국회의원이 만든 법률보다 앞설 수 없습니다.

그런데 경계근무만큼은 너무나 중요하기에 국방부 장관과 각 군 참모총장에게 맡기지 않고 국회의원들이 직접 정했다고도 볼 수 있습니다. 매일 위병소를 지날 때마다 볼 수 있는 친숙한 임무이지만, 경계근무는 매우 중요한 임무입니다.

---

1 「국군조직법」 제6조~제11조

경계근무를 수행하는 초병이란

경계근무는 '법률이 정한 초병의 지위'를 얻는 것부터 시작합니다. 초병의 지위를 얻고 나면 특별한 권한과 의무가 생깁니다. 또한 중요한 임무를 수행하는 초병을 특별히 보호합니다. 경계근무를 규정한 법률과 규정을 살펴봅시다.

「군형법」 제2조
3. "초병(哨兵)"이란 경계를 그 고유의 임무로 하여 지상, 해상 또는 공중에 책임 범위를 정하여 배치된 사람을 말한다.

책임 범위를 정하여, 경계근무에 들어가면 법률이 특별히 정하는 초병의 지위를 얻습니다. 초병은 경계근무 과정에서 신원을 확인하고 목적을 묻는 수하(誰何)라는 고유한 업무를 수행합니다. 예를 들어 위병소는 부대의 출입구를 책임집니다. 즉 위병소 근무에서 '부대의 출입구 지역'이 책임 범위입니다. 위병소 근무자는 위병소에 신원을 알 수 없는 사람(신원미상자), 손을 든 사람(거수자)이 접근하고 있다면 수하를 실시해야 합니다. 책임 범위를 정해서 수하를 실시하는 근무이니, 위병소 근무에 투입된 인원들은 초병의 지위를 얻습니다. 전방 GOP 초소 근무, DMZ 수색·매복 작전도 범위가 정해져 있고 거수자를 식별하면 수하를 실시해야 합니다. 따라서 여기에 투입되는 인원들도 모두 초병으로 볼 수 있습니다.

> ✓ '책임 범위'가 있고, 경계 임무를 수행한다면 초병
> ✓ 위병소 근무, 전방 GOP 초소 근무, DMZ 수색 매복·작전 수행 등 수하를 실시하는 임무를 하면 모두 초병

한편 위병소 근무를 수행하지만 위병소의 초병들을 관리하는 위병장교, 위병부사관, 위병조장[2]은 초병 지위를 인정하지 않습니다. 신원미상자, 거수자가 접근할 때 이들이 직접 수하를 실시하지 않기 때문입니다. 마찬가지로 TOD(열상감시장비),[3] CCTV 관리병도 초병의 지위를 인정하기 어렵다고 보는 것이 군사법원의 일관된 판례입니다. 그러나 초병의 특별한 지위를 얻을 수 없는 것뿐입니다. 초병을 관리하는 업무나, TOD, CCTV 감시 역시 경계근무 못지않게 중요한 임무입니다. 소홀히 임무를 수행하면 직무태만으로 징계를 받을 수 있으니 주의해야 합니다.

> ✓ 초병을 관리하는 위병장교, 위병부사관, 위병조장은 초병이 아니다.
> ✓ TOD, CCTV 관리병은 초병이 아니다.

---

2   고등군사법원 1999. 7. 13. 선고 99노132 판결
3   고등군사법원 2017. 8. 17. 선고 2017노7 판결

초병의 권한은 상관에 준한다

초소에서 초병은 상관에 준하는 권한을 가집니다.

국방부 「부대관리훈령」 제82조(영내위병근무자의 책무)
(중략)
3. 초병은 지정된 장소에서 근무하는 병으로서 그 책임완수를 위하여 다음 각 목의 일반수칙과 따로 부여된 특별수칙을 지켜야 한다.
   (중략)
   라. 초병은 출입하는 모든 인원 및 차량(적재물을 포함한다) 등을 통제하며 필요시 검문검색을 실시한다.
   마. 초병의 정당한 명령에 응하지 않는 사람에 대해서는 포획하거나 「군인의 지위 및 복무에 관한 기본법」 제48조 제1항에 따른 경우에 한하여 무기를 사용할 수 있다. (하략)

법률이 정하는 특별한 지위인 '초병의 지위'를 부여받으면 할 수 있는 일이 늘어납니다. 우선 책임 범위를 출입하는 모든 사람을 통제할 수 있습니다. 계급이나 지위의 높고 낮음과 무관하게 장성급 지휘관이든 대통령이든 민간인이든, 그 누구라도 초병이 지키는 곳, 즉 책임 범위를 통과하려면 초병의 지시와 안내에 무조건 따라야 합니다. 따르지 않는 인원은 초병이 포획하거나, 무기를 사용해 제압할 수 있습니다.

사례 1 용감한 초병

부사수와 함께 위병소 근무에 투입된 A병장. A병장은 특별한 지시를 받지도 않았는데 위병소의 검문검색을 강화했다. 위병소를 통과하는 차량 탑승자를 전원 하차시켜 몸과 차량을 꼼꼼하게 수색했다. 때마침 출근 시간이었는데 A병장이 검문검색을 강화하자 위병소에는 차량 수십 대가 줄을 서게 되었다. 그런데 늘어선 차량 행렬의 맨 마지막에 사단장이 탄 차량이 있었다. 뒤늦게 사단장의 차량을 확인하고 놀란 A병장. 그런데 사단장은 차에서 내리더니 '근래 보기 드문 군기확립 사례'라며 바로 그 자리에서 A병장을 칭찬하고는 포상휴가 부여를 지시했다.[4]

'상관'은 '지시를 내릴 수 있는 사람'입니다. 초병의 책임 범위를 지나려는 모든 사람이 초병의 지시에 따라야 하니, 초병은 책임 범위 안에서는 누구에게나 상관인 셈입니다. 실제로 초병에 대한 범죄를 저질렀을 때의 처벌은, 상관을 상대로 범죄를 저질렀을 때 받는 처벌과 비슷합니다. 따라서 A병장처럼 초병이 필요하다고 판단했다면, 상대가 사단장이라 할지라도 차량을 수색하고 검문검색을 지시할 수 있습니다.

---

4   MBC. <나 혼자 산다> 2013.7.5. 15회 방송 내용을 각색

> ✓ 책임 범위 안에서는 누구든 초병의 지시와 안내에 따라야 한다.
> ✓ 책임 범위 안에서는 초병이 상관이다. 출입하는 모든 인원에 대해 수하와 검문검색을 할 수 있다. 이에 응하지 않으면 포획하거나 경고 사격도 할 수 있다.

그러나 책임 범위를 벗어나면 초병은 초병의 지위를 잃습니다. 경계근무 후에는 다시 일반 용사의 지위로 돌아오기 때문에 초병들 입장에서는 A병장과 달리 자신감 있는 조치를 꺼리기도 합니다.

사례 2 용감한 아버지

B상병이 근무하는 ○○사단에서 사단장이 사복 차림으로 GOP 검문소를 방문했다. 그런데 사복 차림의 사단장을 알아보지 못한 초병이 신원 확인을 요구했다. 사단장은 아무리 사복 차림이라도 어떻게 사단장을 몰라볼 수 있냐며 호통을 쳤다. 사단장의 호통에 위축된 부대원들은 계급이 높은 사람이 나타나면 검문소를 개방하는 것이 낫겠다고 생각했다.

며칠 뒤 B상병의 아버지가 부대로 면회를 왔다. 면회 절차를 잘 몰랐던 B상병의 아버지는 곧바로 B상병이 근무하고 있다고 들었던 GOP로 향했다. GOP 검문소에서는 사복 차림의 B상병 아버지에게 신원 확인을 요구했다. 놀란 B상병의 아버지는 "아들을 보러 왔으니, 문이나 열어라!"라며 큰소리로 대답했다. 얼마 전 사단장의 호통으로 위축되었던 초병들은, B상병 아버지의 말투와 행동을 보고 계급이 높은 간부로 착각해 검문소 문을 열었다. 놀랍게도 2차 검문소, 3차

검문소에서도 똑같은 일이 벌어졌다. 군사보호구역인 GOP가 민간인에게 순식간에 뚫렸다.[5]

사례1과 사례2는 유명 연예인들이 자신들의 경험을 바탕으로 방송에서 했던 이야기를 각색하여 만들었습니다. 어떤 부대가 바람직한 부대인지 판단하기는 어렵지 않겠습니다.

초병들은 대부분 용사입니다. 반면 위병소나 검문소를 통과하는 사람들은 주로 군 간부들입니다. 모두 초병들보다 계급이 높습니다. 일상적으로 위병소와 검문소를 드나드는 간부들에게 사전 신고, 수하, 검문검색 절차는 귀찮게 느껴질 수 있습니다. 그렇다고 해서 간부들이 초병들에게 호통을 치거나, 초병의 지시에 비협조적으로 응하면 계급이 낮은 초병들은 자연스럽게 위축될 수밖에 없습니다. 초병의 권한을 제대로 쓰기 어려워집니다.

경계근무 투입 전 교육을 할 때, 초병들에게 위병소나 검문소에서만큼은 아무리 높은 상관을 만나도 원칙대로 수하와 검문검색을 실시하도록 강조해야 합니다. 상관이라 할지라도 초병의 지시에 따르지 않는다면, 과감하게 경계근무 수칙에 따라 포획이나 경고 사격을 할 수 있게 독려할 필요도 있습니다.

가장 좋은 방법은 사단장과 같은 장성급 지휘관부터 예외

5 MBC. <라디오스타> 2014.10.1. 394회 내용을 각색

없이 초병의 지시에 응하는 모습을 솔선하여 보여주는 것입니다. 백 마디 말보다 한 번의 행동이 부대원들에게 더 강력한 영향을 줄 수 있습니다. 장성급 지휘관부터 위병소에서 초병의 지시를 따르는 모습을 보여주고 초병들을 격려한다면, 다른 간부들도 초병의 권한을 존중할 것입니다.

열쇠를 제대로 나눠주고, 제대로 사용하라

야간 임무수행을 위해 부대에 출입할 일이 생기면, 암구호를 확인한 후 출입합니다. 그런데 간부들이 암구호를 전파 받지 못해 난감한 상황이 발생하기도 합니다. 비전투병과 인원이 초과근무를 하기 위해 부대에 출입할 일도 있고, 참모부별로 돌아가며 수행하는 야간 순찰도 비정기적으로 생깁니다. 모두 밤에 출입하는 일이니 암구호를 알아야 합니다. 그러나 암구호를 전파 받지 못하면 초병도 간부도 당황하게 됩니다. 이럴 때는 일단 초병이 암구호를 물어보면 양손을 들고 암구호 대신 본인의 직책을 말하고 용무를 말하면, 초병이 공무원증을 확인하고 출입시키기도 합니다.

그러나 시야가 제대로 확보되지 않는 야간 작전상황은 주간보다 훨씬 위험합니다. 그만큼 경계의 태세도 한층 높아집니다. 암구호는 부대의 열쇠와 같습니다. 열쇠를 제대로 나눠주지도 않고, 열쇠를 받아도 제대로 쓰지도 않은 채 문을 여닫는 것은 비정상적입니다. 야간 임무수행은 작전 계통이나 당직 근무자들만 수행하지 않습니다. 초과근무를 위해, 또는 정기적, 비정기적으로 부여받는 야간 순찰을 위해 비전투병과도 야간에 부대로 출입할 일이 많습니다. 비전투병과를 포함한 모든 부대원이 암구호를 숙지하고 사용할 수 있도록 해야 합니다.

초병의 의무를 지키지 못하면 징역

특별한 권한을 받은 만큼, 초병은 책임도 무겁습니다. 어떠한 경우라도 무기와 탄약을 방치해선 안 되고,[6] 근무 중 지정된 위치를 벗어나면 안 됩니다.[7] 원칙적으로는 화장실도 갈 수 없지만, 정말 너무나 급한 경우라면 부사수나 사수에게 요청한 후 탄약과 무기를 몸에 지닌 채로 신속히 다녀와야 합니다. 한편 다음 근무지기 정해진 시간에 경계근무 징소로 교대하러 오지 않았다고 하더라도 근무지를 벗어나 본청이나 생활관으로 복귀해서는 안 됩니다. 경계근무는 24시간, 어느 한순간도 비우거나 멈춰서는 안 되는 임무이기 때문입니다. 다음 근무자가 늦으면 무전이나 전화와 같은 통신수단을 이용해 다음 근무자를 경계근무지로 오게 만든 후, 정식으로 교대한 후에

---

6 「부대관리훈령」제82조 제3호 바목
7 「군형법」제28조,「부대관리훈령」제82조 제3호 사목

근무지를 벗어나야 합니다.

근무 중 불필요한 말과 행동을 하거나,[8] 고의로 잠을 자서도 안 됩니다.[9] 다만 법령에 이렇게 규정되어 있다고 해서, 근무 중 잠깐 대화를 하거나 졸았다는 이유로 곧바로 처벌되는 것은 아닙니다. 경계근무를 게을리 할 목적으로, 즉 고의적으로 행동한 경우에 처벌됩니다. 예를 들어 위병소가 떠나갈 듯 큰소리로 잡담을 하거나, 무단으로 휴대폰을 반입해 사용하는 경우, 또는 군장을 해체하고 고의적으로 자는 경우 등이 해당합니다.

✓ 경계근무 중 처벌을 받을 수 있는 행위
- 불필요한 잡담
- 무단 스마트폰 사용
- 군장을 해체하고 누워서 수면

이런 행위들은 군형법상 징역에 처해질 수 있습니다. 운이 좋아 형사처벌을 받지 않더라도, 근무지이탈이나 근무태만으로 용사 징계 기준에 따라 군기교육 이상의 중징계가 내려집니다.

의무라고 썼지만 어렵지 않습니다. 잘못인 걸 모르고 범죄를 저지르는 경우는 드뭅니다. 경계근무에 투입되는 초병들도

8 「부대관리훈령」 제82조 제3호 사목
9 「군형법」 제40조 제2항

상식적으로 경계근무 도중에 해서는 안 되는 행동임을 알고 있습니다. 그런데 왜 범죄가 일어나는 걸까요? 적발되지 않을 것이라는 느슨한 마음이 생겼기 때문입니다.

초병 의무 위반으로 징계를 받는 용사들 가운데 이병, 일병은 거의 없습니다. 이들은 대부분 군기가 바짝 들어 있고, 그렇지 않더라도 상급자 용사들이 두려워 초병이 지켜야 할 일을 어기지 않는 편입니다. 그러나 용사의 군 복무기간이 중반을 넘어가 상병, 병장이 되면 위반 사례가 급격히 늘어나기 시작합니다. 특히 03시, 04시에 위반 사례가 많이 발생합니다. 당직 근무를 서고 있는 간부들이 자고 있을 테니 적발되지 않을 것이라 생각하기 때문입니다.

초병이 자신감 있는 조치를 할 수 있게 격려하는 것도 중요하지만, 초병이 책임을 다하지 않는 모습을 보이면 적극적으로 지시하고 처벌하는 것도 중요합니다. 혹 전역이 얼마 남지 않은 용사라고 해도, 잠이 쏟아지는 새벽 시간대라고 해도, 고의적으로 근무를 태만히 하는 모습을 보이면 적극적으로 훈계하고 처벌할 필요가 있습니다.

✓ 고의적인 근무태만 행위, 고의적 수면은 군형법으로 처벌.
　군기교육 이상 중징계

초병은 특별한 보호를 받는다

초병에게 특별한 권한을 주고 무거운 책임도 주었으니, 초병을 강력하게 보호할 필요도 있습니다. 초병 입장에서 군인인 간부들이 불응하는 일 못지않게 난감한 일이 바로 민간인이 불응하는 경우입니다. 민간인을 포획하거나, 민간인을 상대로 경고 사격을 하기란 꽤 부담스러운 일입니다. 군 계급 체계에서 가장 아래에 있는 용사들이 초병일 경우 더욱 부담을 느낍니다. 그럼에도 경계근무가 잘 이루어지려면, 상황 발생 시 민간인일지라도 자신감 있게 조치할 수 있어야 합니다. 이를 위해 초병은 몇 가지 특별한 보호를 받습니다.

초병의 지시에 불응하면 민간인도 「군형법」을 적용받습니다.[10] 초병을 폭행하거나, 초병에게 모욕적인 발언이나 협박을 하는 등 초병에게 위협을 가해도 마찬가지입니다. 민간인도 군사경찰과 군검찰의 수사를 받으며, 군사법원에서 재판을 받아야 합니다.

우리 「형법」에서 공무를 집행 중인 공무원에 대한 폭행은, 공무원의 몸에 직접 닿지 않고 위협만 가해도 폭행으로 봅니다. 법원은 공무를 집행 중인 경찰의 경찰차를 가로막으며 위협[11]하거나, 경찰관 쪽으로 물건을 바닥에 던지는 행위[12]도 폭

---

10 「군형법」 제1조 제4항
11 대법원 2017. 3. 30. 선고 2016도9660 판결
12 대법원 1981. 3. 24. 선고 81도326 판결

> ✓ 초병의 지시에 불응하면 민간인에게도 군형법 적용
> ✓ 초병에 대한 범죄는 민간인도 군사재판
> ✓ 초병에게 직접 접촉이 없더라도 폭행 성립 가능

행으로 인정했습니다. 군인도 공무원입니다. 물론 경계근무 중인 초병도 공무 집행 중인 공무원입니다.

전방 부대에서 발생했던 실제 경계근무 사례로 초병이 어떻게 보호받는지 살펴봅시다.

사례 3 ○○검문소 민간인 무단침입 시도 사건

○○보병사단 ○○검문소 근처에는 유명한 관광지가 있다. 민간인은 사전에 신고를 하고 ○○검문소를 통과해 관광지로 이동해야 한다. 차량 통행만 허용하며, 도보 이동이나 이륜차 이동은 금지되어 있었다. 이를 민간인에게 안내하는 안내판도 ○○검문소 수km 앞에 설치되어 있었다.
어느 일요일 오후, 오토바이에 탄 민간인 남성 2명이 사전 신고도 없이 ○○검문소 진입을 시도했다. 초병들은 이들에게 사전 신고를 마친 후 출입할 수 있으며, 신고를 했더라도 오토바이로는 출입할 수 없다고 안내했다. 그러나 2명의 민간인은 초병의 지시를 무시하고 오토바이로 ○○검문소 진입을 시도했다.
이에 초병들은 경계근무 수칙대로 '계속 불응하면 경고 사격을 하겠다'고 알렸다. 그럼에도 민간인들이 불응했고, 초병들은 경계 수칙대로 바닥을 향해 공포탄을 쏘아 경고 사격을 실시했다. 이 와중에 민간인 1명이 오토바이에서 내려 뒤편에 서 있던 초병에게 달려들었다. 그리고 초병이 들고 있는 소총을 잡아끌며 실랑이를 벌였다. ○○검문소에서 이를 지켜보고 있던 상황부사관이 달려왔고, 소총을 잡아끈 민간인을 즉시 제압했다. 초병은 침착하게 경계근무 수칙대로,

다시 한 번 바닥을 향해 공포탄을 쏘아 추가 경고 사격을 했다.

―――――――――――――――――――――――――――――

　이 사건은 여러 언론이 보도하면서 이슈가 되었습니다. 민간인을 상대로 완력을 써서 제압하고, 심지어 경고 사격까지 했기 때문입니다. 이들은 어떻게 되었을까요? 침착하게 매뉴얼대로 대응한 초병 2명, 초병들을 지휘한 상황부사관, 그리고 중대장과 정작과장 모두 사단장 표창과 포상휴가를 받았습니다. 이와 같은 대응은 지상작전사령부 경계 작전 우수 사례로 선정되었고, 같은 해 해당 부대는 대통령 부대 표창도 받았습니다.

　초병의 지시에 불응하며 진입을 시도한 민간인들은 어떻게 되었을까요? 군사경찰 및 군검찰의 수사를 받아 군사법원의 재판을 받게 되었습니다. 최근의 일이라 재판의 결과를 기다려봐야 하겠지만, 초병의 지시에 불응하였으므로「군형법」제78조에 따른 초소침범죄가 성립할 수 있습니다. 또한 공무집행 중인 초병에게, 초병의 총기를 끌어당기며 위협을 가한 것이므로「군형법」제54조에 따른 초병폭행죄도 성립할 수 있습니다. 초소침범죄는 1년 이하의 징역에 불과하지만, 초병폭행죄까지 성립할 경우 5년 이하의 징역도 가능합니다.

　용사들의 자신감 있는 조치는 '나의 상관'이, '나의 부대'가 초병인 나를 보호하고 지켜 준다는 느낌을 받을 때 가능합니다. 상황이 발생하면 초동 조치가 잘 되어야 합니다. 초동 조치가 잘 되지 않으면 뒷수습도 어렵습니다. 초동 조치는 신원미상자와 거수자에게 직접 수하를 해야 하는, 가장 말단에 있는 초병들의 몫입니다. 초병들이 경계 수칙대로, 누구라도 불응한다면 자신감 있게 조치할 수 있도록, 지휘관은 부대원들이 위축되지 않도록 독려해야 합니다.

문은 혼자서 지킬 수 없다

경계가 정말 중요한 임무라는 사실은 대부분 알고 있지만, 반복된 임무 수행으로 긴장감이 떨어지기 쉽습니다. 실제로 경계근무 중 상황이 터지는 일은 드뭅니다. 이런 이유로 경계근무 도중에 임무를 태만하게 하는 경우가 많습니다. 그러나 경계근무 중 상황이 발생하였는데 초동 조치가 제대로 되지 않으면 걷잡을 수 없어집니다. 간첩이나 무장 세력에 의해 위병소가 뚫리면 부대가, 초소가 뚫리면 나라 전체가 송두리째 뚫리는 것입니다.

초병은 상대의 지위나 계급과 관계없이 훈련받은 대로 자신감 있는 조치를 다해야 합니다. 간부는 매일 위병소와 검문소를 통과하는 일이 귀찮더라도, 하급자인 초병들의 지시에 따라야 합니다. 둘의 일은 서로 떨어져 있지 않습니다. 초병이 자신감 있게 경계 수칙대로 조치해야 간부들도 예외 없이 누구나 검문 수칙을 준수할 수 있고, 간부들은 초병을 존중해 주어야 초병들도 자신감 있는 조치가 가능합니다. 경계근무에 투입되든 투입되지 않든, 모두가 함께 지킨다는 생각으로 임해야 합니다.

경계근무는 문을 지키는 일입니다. 문을 혼자서 지킬 수 없습니다. 부대원 모두가 경계근무의 중요성을 충분히 알고, 노력해야 지킬 수 있습니다.

- √ **초병**: 지위, 계급과 관계없이 자신감 있는 조치
- √ **간부**: 초병에 대한 존중

II

대상관범죄

상관에게 저지르는 범죄

대상관범죄는 상관에게 저지르는 범죄입니다. 상관을 때리거나 다치게 하는 범죄도 있지만, 모욕적인 말을 하는 상관모욕과 상관명예훼손이 흔하게 발생합니다. 대상관범죄는 용사와 간부 사이는 물론 간부와 간부 사이에서도 발생합니다.

만약 다른 사람에게 공공장소에서 욕을 했다면 일반 「형법」의 모욕죄로 처벌받을 수 있습니다. 그러나 군인이나 군무원이 상관에게 같은 행위를 했다면 「군형법」의 상관모욕죄로 처벌받고, 처벌도 일반 「형법」의 모욕죄보다 무겁습니다. 「군형법」이 「형법」보다 우선하기 때문입니다. 다른 범죄도 마찬가지입니다. 일반 국민들 사이의 명예훼손이나 폭행보다, 군대에서 상관에 대한 명예훼손과 폭행을 「군형법」으로 더 무겁게 처벌합니다.

「군형법」 제64조(상관 모욕 등)
① 상관을 그 면전에서 모욕한 사람은 2년 이하의 징역이나 금고에 처한다.
② 문서, 도화(圖畵) 또는 우상(偶像)을 공시(公示)하거나 연설 또는 그 밖의 공연(公然)한 방법으로 상관을 모욕한 사람은 3년 이하의 징역이나 금고에 처한다.

「형법」 제311조 모욕
공연히 사람을 모욕한 자는 1년 이하의 징역이나 금고 또는 200만 원 이하의 벌금에 처한다.

상관은 지시를 내릴 수 있는 사람

상관은 '지시를 내릴 수 있는 사람'입니다.[1] 단순히 계급이 높다는 뜻인 '상급자'와는 다릅니다. 상급자와 상관은 다른 개념이지만 (용사들 사이의 예외적인 경우를 제외하면) 계급이 높은 상급자라면 상관과 마찬가지로 보아도 됩니다. 부대가 다르더

---

1 「군형법」 제2조 제1호

라도 계급이 높은 상급자라면 상관이고 지시할 수 있습니다.

군 계급은 장교, 부사관, 병으로 나뉩니다. 이때 병을 '용사'라고 부르기도 합니다. 장교는 부사관의 상관인데, 초급 장교와 근속을 오래한 부사관 사이에 오해가 생길 수 있습니다. 장교는 대부분 소위로 임관합니다. 즉 이제 막 군 생활을 시작한 소위도 30년 이상 근속한 원사의 상관입니다. 장교는 언제나 병사의 상관인 것입니다. 한편 부사관도 마찬가지입니다. 부사관은 하사로 임관합니다. 이제 막 임관한 하사 역시 전역을 앞둔 병장보다 계급이 높으므로 상관입니다.

장교는 부사관의 상관이지만, 장교와 부사관은 서로 존중해야 하는 관계입니다. 부사관이 장교에게 불손한 행동을 하면 상관모욕죄가 성립하지만, 장교가 부사관을 하대하는 일은 언어폭력으로 징계할 수 있습니다. 법무 장교로 근무하며 징계사건을 처리해보면 장교들이 중사나 상사들을 하대하거나, 반대로 부사관들이 소위를 무시하는 경우를 보게 됩니다. 장교와 부사관 사이의 상호 존중에 대해서는 명확한 기준이 없어 갈등이 많이 생기고 있지만, 서로를 존중하는 기본적인 태도를 갖추고 있다면 문제가 발생할 일은 없을 것입니다.

계급이 같은 경우에도 상관을 가릴 수 있습니다. 만약 같은 계급이더라도 진급 예정자라면 상관입니다.[2] 진급 예정자에게 '진'이라는 호칭을 붙입니다. 같은 소령이지만 곧 중령 진급을

---

2 「군인사법」 제3조, 제4조, 「군인사법 시행령」 제2조

앞두고 있는 소령은 중령(진)입니다. 이때 중령(진)은 진급 예정자이기 때문에 다른 소령의 상관입니다. 모두 같은 소령이라면 어떨까요? 이 경우에는 현재 계급인 소령에 먼저 진급한 사람이 상관입니다. 진급일자가 같다면 직전 계급이었던 대위에 먼저 진급한 사람이 상관입니다. 그러나 보통 병영 생활에서 진급 예정자까지는 알 수 있겠지만 진급일자까지 세세하게 따지기는 어렵습니다. 다만 임관년도는 군번으로 알 수 있습니다. 그래서 진급일자를 알기 어려운 경우에는 군번이 앞서는 사람을 상관으로 봅니다.[3]

- √ 계급이 높으면 상관
- √ 계급이 같다면 진급예정자가 상관
- √ 진급 예정이 같다면 현재 계급에 먼저 진급한 사람이 상관
- √ 진급일을 알기 어려우면 먼저 임관한 사람이 상관

용사 사이에서는 분대장일 경우에만 상관

용사와 용사 사이는 다릅니다. 용사들 사이에서도 이병, 일병, 상병, 병장의 계급이 있습니다. 병장은 이병, 일병, 상병의 상급자이지만, 상관은 될 수 없습니다. 용사들끼리는 서로 지

[3] 「군인사법 시행령」 제2조 제1항 제3호

시를 내릴 수 없기 때문입니다. 「병영생활규정」은 분대장 및 간부로부터 권한을 위임받은 용사가 아닌, 일반 용사들 사이에 지시를 금지하고, 관등성명도 복창할 수 없도록 규정합니다.[4] 다만 분대장 직책을 맡은 용사는 다른 용사에게 상관입니다.

대부분의 부대에서 상병이 분대장을 맡습니다. 이때 분대원 가운데 병장이 있습니다. 병장은 후임이면서 계급이 낮은 상병인 분대장의 지시를 받아야 합니다. 상병이든 병장이든 분대장을 맡은 용사가 상관입니다.[5]

✓ 용사에게는 간부와 분대장 용사만 상관
✓ 분대장인 상병에게 분대원 병장은 상급자이지만 상관이 아님

준군인인 군무원과 임관 전의 후보생에게도 상관이 있다

군인 사이의 계급은 명확합니다. 그런데 군대에는 군인이 아니지만 군인과 유사한 신분을 갖는 사람도 있습니다. 군무원이 대표적입니다. 군무원은 군인이 아닙니다. 군무원에게는 군인의 계급이 적용되지 않습니다. 그러나 군인과 비슷한 일을 하고 군인과 함께 생활합니다. 군무원이 군대 안에서 일을

---

4 「육군 규정 120 병영생활규정」 제43조 제2항, 제20조 제2항
5 대법원 2021. 3. 11. 선고 2018도12270 판결 등 참조

하려면 누군가의 지시를 받아야 합니다. 보통 군무원의 대상
관범죄는 지휘 계통상 명령복종관계가 있는 경우에 한하는 것
으로 봅니다.

즉 군무원의 경우 지휘 계통상 명령할 수 있는 지휘관이 상
관이 됩니다. 따라서 군무원이 지휘 계통상 지휘관, 지휘자인
군인(소속 중대장, 대대장 등), 군무원(소속 예비군 동대장 등)
에 대하여 범죄를 저지르면 대상관범죄에 해당됩니다.

아직 임관을 하지 않아 군인이 아니지만, 군사 훈련을 받고
있어 사실상 군인인 경우도 있습니다. 사관생도, 사관후보생,
부사관후보생이 그렇습니다. 이들도 아직 군인이 아니지만 교
관이나 훈육중대장의 지시에 따라 훈련을 받아야 합니다. 군
무원과 달리 이들의 계급은 따로 정해져 있습니다. 사관생도,
사관후보생은 준위와 원사 사이, 부사관후보생은 하사와 병장
사이로 정해[6] 상관을 판단합니다. 용사는 입대와 동시에 이등
병의 계급을 받고 훈련 기간도 군 복무 기간에 포함됩니다. 따
라서 훈련병은 군인이고 이등병입니다.

√ 군무원은 직속상관만 상관
√ 사관생도, 사관후보생, 부사관후보생, 훈련병 모두 별도로
  계급이 정해져 있음

---

6 「군인사법 시행령」 제2조 제1항 제1호

대통령은 모든 군인에게 상관이다

주의할 점은 대통령도 상관이라는 점입니다. SNS에 대통령을 모욕하는 게시물을 올린 군인에 대하여, 대법원[7]과 헌법재판소[8]는 대통령 역시 상관에 해당한다고 보았습니다. 「헌법」 제74조 제1항에 따르면 군 통수권자는 대통령입니다. 모든 군을 통수하는 최고 위치에 있으므로 대통령은 모든 군인에게 명령을 내릴 수 있습니다. 즉 대통령은 모든 군인에게 상관입니다.

대통령은 모든 군인의 상관이기도 하면서, 동시에 선거로 당선되는 선출직 공무원입니다. 정당에도 가입되어 있는 정치인입니다. 따라서 대통령에 대한 게시물은 상관모욕죄 성립에 더해 군인의 정치적 중립 준수 의무 위반 소지도 있어 특별히 조심해야 합니다.

> ✓ 대통령에 대한 모욕적 게시물은 상관모욕죄
> ✓ 대통령에 대한 게시물은 군인의 정치적 중립 준수 의무 위반 소지가 있음

---

7 대법원 2013. 12. 12. 선고 2013도4555 판결
8 헌법재판소 2016. 2. 25. 선고 2013헌바111 결정

기존 육군 병영생활행동강령의 부작용

분대장이 아니라면 용사는 다른 용사에게 지시할 수 없습니다. 다만 원래부터 그랬던 것은 아닙니다. 2003년 육군참모총장 단편명령으로 병영생활행동강령을 제정하고, 병영생활행동규정을 개정하면서 분대장을 제외한 용사의 지시를 금지했습니다.

「육군 (구) 병영생활행동강령」(2003)
첫째, 분대장을 제외한 병 상호간에는 명령이나 지시, 간섭을 금지한다.
둘째, 어떠한 경우에도 구타, 가혹행위 및 집단 따돌림을 금지한다.
셋째, 폭언, 욕설, 인격모독 등 일체의 언어폭력을 금지한다.
넷째, 언어적·신체적 성희롱, 성추행, 성폭행 등 성 관련 법규 위반행위를 금지한다.

4개의 강령 가운데 실질적인 영향력이 컸던 것은 '첫째, 분대장을 제외한 병 상호간에는 명령이나 지시, 간섭을 금지한다.'입니다. 예전에는 분대장이 아닌 용사들끼리도 서로 명령하고 지시했습니다. 그런데 공적인 업무만 지시하지 않고, 사적 심부름을 시키는 등 부조리로 이어지는 경우가 있었습니다. 이에 용사들 사이에서 벌어지는 문제를 없애려고 「병영생활행동강령」을 만들고 「병영생활규정」을 개정해 분대장을 제

외한 용사 사이에서 관등성명 복창을 금지하고, 용사가 다른 용사에게 지시하는 행위를 금지했습니다.[9]

「병영생활행동강령」이 20여 년에 걸쳐 꾸준히 시행되면서 사적 지시나 부조리는 줄어들었습니다. 그런데 다른 문제가 생겼습니다. 분대장을 제외한 상급자 용사들이 정작 필요한 지시를 내리지 못하거나, 의도적으로 지시를 내리지 않는 경향이 나타난 것입니다.

사례 1 군가를 못 외우겠다는 신병

A상병은 고민이 많다. 뜀걸음을 할 때 군가를 불러야 하는데, 군가를 모르는 신병들이 많기 때문이다. 그래서 군가를 외우라고 지시했더니, 신병들이 병영생활행동강령을 근거로 거부한다. 이뿐만이 아니다. 탄약고 경계근무를 서고 있는데, 함께 근무에 나선 신병이 소총 방아쇠에 손가락을 걸고 꾸벅꾸벅 조는 것이 아닌가! 깜짝 놀라 신병을 깨우고 잘못된 근무 태도를 지적하자, 신병은 분대장도 아니면서 지시를 하냐며 거부한다. 결국 중대장이 나서서 지시를 내리자 신병들은 군가를 외우고 근무 태도를 바로잡기 시작했다.

A상병은 분대장이 아니지만 신병들이 제대로 복무할 수 있도록 정당하고 필요한 지시를 내렸다고 볼 수 있습니다. 「병영생활행동강령」은 사적 지시와 부조리를 근절하기 위해 만든 것이지, 업무에 필요한 지시까지 내리지 말라고 만든 것이 아

---

9 육군 규정 120 병영생활규정 제20조 제2항, 제43조 제2항

닙니다. 이처럼 이 규정을 잘못 해석한 하급자 용사들이, 상급자 용사들이 내리는 필요한 지시까지 받아들이지 않는 경우가 생겼습니다. 그리고 A상병처럼 난처한 상황을 맞게 된 상급자 용사들이 하급자 용사들의 관리나 지시를 피하는 경우도 생겼습니다. 결국 상관인 간부들이 나서야만 업무가 가능했습니다. 군대의 업무를 수행하는 사람들이 능동적으로 움직이지 않고, 수동적인 업무를 하게 된 것입니다.

분대장이 아닌 용사도 직무 관련 지시를 할 수 있다

이런 이유로 2023년 9월 1일, 병영생활행동강령이 개정되었습니다. 개정된 신 병영생활행동강령도 육군참모총장 단편명령으로 하달되어 일선 부대에 배포되었습니다.

「육군 신 병영생활행동강령」(2023. 9. 1.)
첫째, 권한이 부여된 상급자의 명령과 지시에 복종한다.
둘째, 어떠한 경우에도 신체적·언어적 폭력, 따돌림, 가혹행위를
    금지한다.
셋째, 모든 형태의 성 관련 법규 위반 행위를 금지한다.

명령이 정당한지 판단하는 기준으로 '직무 관련성'이 있습니다. 직무와 관련된 범위에 있고, 직무에 대해 조금 더 잘 알

고 있는 상급자라면, 용사라고 하더라도 능동적으로 자신감 있게 명령을 내릴 수 있어야 합니다.

군대는 늘 위급한 상황을 대비하는 조직입니다. 위급한 상황이란 '예측이 어려워 상황에 따라 탄력적으로 조치해야 하는 상황'을 뜻합니다. 탄력적으로 조치하려면 누구라도 자신감 있게 능동적으로 명령을 내릴 수 있어야 합니다. 즉「병영생활행동강령」이 처음 제정되었을 때 취지를 조금 더 명확히 살리기 위해, 지시할 수 있는 대상을 '분대장을 제외한 병'에서 '권한이 부여된 상급자'로 바꾼 것입니다.

「신 병영생활행동강령」에 따르면 분대장이 아닌 용사도 간부에게 권한을 부여받았다면 지시할 수 있습니다. 계원, 사수, 조장, 조교 등이 대표적입니다. 직무 범위 내에서는 얼마든지 명령할 수 있고, 하급자 용사들은 복종할 의무를 갖습니다.

2024년 7월 기준, 분대장 외에 용사를 상관으로 인정한 대법원 판례는 아직 없습니다. 그러나 「신 병영생활행동강령」이 「육군 규정 120 병영생활규정」에 반영되었습니다. 이제 「병영생활규정」 제43조에 따라 간부로부터 권한을 받았다면 지시를 내릴 수 있으므로, 상관으로 인정될 수 있을 것입니다. 따라서 용사들도 지시 권한이 명문화된 만큼 더 책임감 있게 임무를 수행하는 자세가 필요합니다. 물론 하급자 용사도 상급자 용사의 정당하고 필요한 명령을 따라야 합니다.

> ✓ 분대장이 아닌 용사도 직무 범위 내에서 명령 가능
> ✓ 간부에게 받은 권한이 있다면 상관으로 인정 가능

대상관범죄는 상관의 지휘권을 보호한다

누가 어떤 상황에서 상관이 되는지 알아보았습니다. '부대에서 명령은 칼과 같다'는 말처럼, 상관의 정당한 명령과 하급자의 복종은 군 기강의 핵심입니다. 상관이 지시를 정당하게 잘 내릴 수 있으려면, 상관도 초병처럼 특별한 보호를 받을 필요가 있습니다. 상관에 대한 범죄를 「군형법」에 따로 규정하고, 일반 범죄보다 무겁게 처벌하는 이유는 상관의 지휘권을 보호하기 위해서입니다.

「군형법」에 규정된 대상관범죄는 최소 형량이 징역형입니다. 벌금형이 없을 정도로 무겁게 처벌하고 있습니다. 실형을 피하더라도 집행유예나 선고유예를 받게 됩니다. 예전에는 군사법원에서 대상관범죄에 대해 판결할 때, 초범이라면 전과가 남지 않는 선고유예 판결을 많이 내렸습니다. 그러나 대상관범죄는 상관의 권위를 한순간에 무너뜨리는, 군 기강을 크게 해치는 범죄입니다. 주요 군 기강 문란 범죄에 해당하는 범죄인데 너무 가볍게 처벌한다는 비판이 계속 있었습니다. 군사법원도 이를 받아들여 대상관범죄에 대해서는 초범이라고 해

도 집행유예 판결을 내리는 추세입니다.

> ✓ **집행유예**
> - 3년 이하의 징역 등에 대하여 형 집행을 유예하는 제도. 집행유예 기간 동안 범죄를 저지르지 않으면 징역을 살지 않는다. 단 형사처벌 기록을 조회하면 전과 기록이 나온다.
>
> ✓ **선고유예**
> - 1년 이하의 징역 또는 벌금 등에 대하여 판결선고를 유예하는 제도. 2년 동안 선고를 늦추는 것이므로, 2년 사이에 범죄를 저지르지 않으면 전과 기록도 남지 않는다. 물론 그 사이 범죄를 저지르면 늦춰졌던 선고가 이루어져 처벌이 이루어지고, 범죄 기록도 생긴다.

「군형법」에 규정된 범죄는 대부분 반의사불벌죄, 친고죄가 아닙니다. 대상관범죄도 「군형법」에 규정된 범죄입니다. 역시 반의사불벌죄, 친고죄가 아닙니다. 반의사불벌죄와 친고죄는 피해자가 처벌을 원하지 않으면 처벌하지 않는 범죄입니다. 사례로 알아봅시다.

> - ✓ 반의사불벌죄
>   - 피해자가 가해자의 처벌을 원하지 않으면 처벌할 수 없다. 예) 폭행
> - ✓ 친고죄
>   - 피해자가 피해 발생 6개월 안에 가해자를 고소해야만 처벌할 수 있다.[10] 예) 모욕

사례 2 민간인 A와 B의 욕설과 폭행

오늘은 A의 생일이다. A의 친구인 B는 생일을 축하한다며 주먹으로 A의 팔뚝을 한 대 쳤다. 팔뚝을 맞은 A는 B에게 웃으며 "야 이 개XX야!"라며 욕을 했다. 이때 지나가던 경찰관이 B는 폭행죄로, A는 모욕죄로 입건하겠다며 인적 사항을 묻는다. 당황한 A와 B는 어떻게 해야 할까?

B가 A의 팔뚝을 한 대 때렸으니 분명 폭행입니다. A도 B를 향해 누가 들어도 불쾌할 수 있는 욕을 했으니 모욕입니다. 그런데 이런 상황까지 죄를 따져 묻고 처벌할 필요가 있을까요? 사실 이 정도 일은 친한 친구 사이에서 흔하게 일어납니다. 이런 일까지 모두 처벌하는 건 사법기관의 행정력 낭비이기도 합니다. 피해가 크지 않기 때문에, 피해자가 문제를 제기하지 않는다면 처벌할 이유도 크지 않습니다.

---

10 「형사소송법」제230조 제1항

따라서 모욕이나 폭행과 같은 범죄는, 수사기관이 범죄사실을 알았다고 해도 피해자가 '괜찮다'고 한 마디만 하면 범죄가 되지 않습니다. 반의사불벌죄인 폭행죄는 피해자 A가 'B의 처벌을 원하지 않는다'고 한 마디만 해주면 B를 폭행죄로 처벌할 수 없습니다. 친고죄인 모욕죄는 피해자 B가 직접 경찰관에게 'A를 처벌해 달라'고 6개월 내 고소하지 않으면 A를 모욕죄로 처벌할 수 없습니다.

그러나 대상관범죄는 반의사불벌죄, 친고죄가 아닙니다. 대상관범죄는 일반 「형법」과 달리 폭행이나 모욕의 피해자 보호를 넘어, 상관의 지휘권을 보호하려는 목적이 있기 때문입니다.

사례 3 전역을 앞둔 C중위와 야자타임

2중대에는 두 명의 소대장이 있다. 1소대장 C중위는 전역이 두 달 남았다. 곧 군대를 떠날 몸이라, 좋은 게 좋은 것이라며 넘어가는 일이 많다. 2소대장 D중위는 최근 장기 심사를 통과했다. 이제부터 본격적으로 군 생활의 시작이라는 생각에 소대원들을 엄격하게 통제한다.

어느 날 1소대에서 C중위의 제안으로 소대원들과 '야자타임'을 가졌다. 흥이 돋았는지 용사들이 C중위에게 욕설까지 하는 상황이 벌어졌는데, 이 장면을 D중위가 보았다. C중위는 거듭 괜찮다며 D중위에게 눈감아 달라고 부탁했다. 그러나 D중위는 그냥 지나칠 수 없다며 중대장에게 이 사실을 보고했다.

C중위가 자기 소대의 일이라며 괜찮다 하더라도, 다른 간부들이 괜찮지 않습니다. C중위의 일을 그냥 넘어간다면, 바로 옆에서 2소대를 지휘하는 D중위뿐 아니라, 전체 중대를 지휘하는 중대장의 명령권 행사가 방해받을 수도 있습니다. 2소대 용사들이 '1소대도 야자 타임을 했으니 우리도 하고 싶다!'라며 요구를 해 올 수도 있기 때문입니다.

군대 밖 민간 사회였다면 괜찮을 수도 있는 일이겠지만, 군대라는 조직 안에서는 괜찮을 수 없는 일입니다. 경미한 정도라 피해자인 상관의 의사에 따라 처벌하지 않는다면, 군 조직을 제대로 운영하기 어려워질 수도 있습니다. 상관의 지휘권을 보장하기 위해, 따로 「군형법」에 규정을 두어 대상관범죄를 무겁게 처벌하는 것입니다.

- ✓ 대상관범죄는 피해 상관이 처벌을 원하지 않아도 가해 하급자를 처벌
- ✓ 대상관범죄는 집행유예(초범이어도 전과 기록을 남김)를 선고하는 경향이 있다.

뒷담화도 상관모욕죄

　대상관범죄에는 상관폭행, 상관협박, 상관상해, 상관살해, 상관모욕·명예훼손 등이 규정되어 있습니다. 현실적으로 상관을 협박하거나, 상해하고(다치게 하고), 살해하는 경우는 거의 없습니다. 병영에서 적발되는 대상관범죄 대부분이 상관모욕죄나 상관명예훼손죄입니다.

　특별한 법적 지식이 없는 일반인이라 하더라도, 상식적인 판단에 따라 행동하면 범죄를 저지르지 않습니다. 다만 모욕죄와 명예훼손죄는 일반적인 상식과 다른 부분이 있어, 자칫 나도 모르는 사이에 범죄를 저지를 수 있어 주의가 필요합니다.

　상관모욕죄로 징계나 형사처벌을 받는 대상자들은 '면전에 대고 하지 않았는데 문제가 되느냐'며 억울함을 호소하는 경우가 많습니다. 흔히 말해 '뒷담화'만 했을 뿐이라는 것입니다. 그러나 민간이든 병영이든, 대부분 모욕죄는 면전보다 뒷담화에서 훨씬 많이 발생합니다. 모욕죄를 처벌하는 이유는 '나에 대한 불쾌한 발언이 제3자에게 전파될 가능성'을 막는 것입니다.

　예를 들어 교관이 교육을 하고 있다고 가정해 봅시다. 교관이 잠시 화장실에 간 사이, 몇몇 용사들이 수군대며 교관을 험담하고 욕설을 늘어놓았습니다. 화장실에 간 교관은 그 자리에 없었고 험담과 욕설을 직접 듣지도 못했습니다. 그러나 주변에 있던 다른 용사들은 이들의 험담을 들었을 것입니다. 어쩌면 험담을 들은 용사들은 생활관에 돌아가서, 심지어 자대에 배치받은 뒤에 다른 용사들에게 교관에 대한 험담과 욕설을 전할 수 있습니다. 휴가를 나가서, 아니면 휴대폰으로 부대 밖에 있는 가족과 친구에게 교관에 대한 험담과 욕설을 전할 수도 있습니다. 이렇게 제3자에게 전파될 가능성이 생긴 상황을 법률에서는 '전파 가능성' 또는 '공연성'이라고 부릅니다. 전파 가능성과 공연성이 생기면 험담이 세상에 돌아다니게 됩니다. 교관은 험담을 직접 듣지 않았더라도, 세상에 자신의 험담이 돌아다니는 것으로 인해 피해를 입을 수 있습니다. 이런 일을 예방하기 위해 모욕죄를 처벌합니다. 험담은 보이지 않는 곳에서 좀 더 쉽게 할 수 있습니다. 그래서 모욕죄는 대부분 면전이 아닌 뒷담화인 경우가 많습니다.

「형법」 제311조(모욕)
공연히 사람을 모욕한 자는 1년 이하의 징역이나 금고 또는 200만원 이하의 벌금에 처한다.

「형법」 제307조(명예훼손)
① 공연히 사실을 적시하여 사람의 명예를 훼손한 자는 2년 이하의 징역이나 금고 또는 500만원 이하의 벌금에 처한다.
② 공연히 허위의 사실을 적시하여 사람의 명예를 훼손한 자는 5년 이하의 징역, 10년 이하의 자격정지 또는 1천만원 이하의 벌금에 처한다.

「형법」 제310조(위법성의 조각)
제307조제1항의 행위가 진실한 사실로서 오로지 공공의 이익에 관한 때에는 처벌하지 아니한다.

사실을 말해도 명예훼손죄

명예훼손죄도 마찬가지입니다. 나의 명예를 실추시킬 만한 이야기가 공연성을 갖고 사람들 입에 오르내리고 있다면 명예훼손죄가 성립합니다. 모욕죄와 명예훼손죄가 차이점이 있다면, 모욕죄의 발언과 달리 명예훼손죄의 발언에는 '내용이 있다'는 점입니다. 모욕죄는 단순한 욕설이므로 내용이 없습니다. 그러나 명예훼손에는 무언가 특정할 수 있는 내용이 있습니다. 이 특정할 수 있는 내용은 사실일 수도 있고 거짓일 수도 있습니다. 거짓인 내용을 이야기하고 다녀 다른 사람의 명예를 훼손하는 일은 당연히 명예훼손죄가 성립합니다. 그런데 사실을 이야기하더라도 명예훼손죄가 될 수 있습니다.

사례 4 상관의 전출 이유를 떠들고 다닌 G중사

1소대장 E중위는 대대 정작과장 F소령에게 성범죄 피해를 당했다. E중위는 성고충상담관에게 '더는 F소령과 근무하고 싶지 않으니 다른 부대로 전출하고 싶다'는 의견을 냈다. 대대장은 이를 승인하여 E중위를 사단 직할대로 전출시켰다. E중위가 갑자기 전출을 간다는 소식을 들은 G중사는, 문득 지휘통제실 복도 앞

에서 우연히 들었던 대대장과 성고충상담관의 통화가 기억났다. 휴게실에서 휴식을 취하던 G중사는 E중위 이야기가 나오자, "내가 들으려고 들은 건 아닌데 … 대대장님 통화를 우연히 지나가다가 들었거든. 소대장님이 이번에 성범죄 피해를 당해서 전출가는 거라며?"라고 주변에 있던 이들에게 말했다.

이런 사례는 부대에서 흔하게 발생하는, 전형적인 성폭력 2차 피해 사례입니다. E중위가 성범죄 피해자라는 것은 분명한 사실입니다. 그러나 성범죄 피해자는 자신에게 발생한 성범죄 피해를 알리고 싶어 하지 않는 경우가 많습니다. 피해자의 동의 없이 제3자에게 피해 사실을 공개하는 것도 2차 피해입니다.[11] 부대에서 성범죄가 발생하면 지휘 계통이 아닌 양성평등 계통의 성고충상담관에게 신고하여야 하고, 지휘관은 양성평등 계통과 협조하여 2차 피해를 방지해야 합니다.[12] 일반적인 성범죄 처리 실무 관행에 따르면, 부대에서 일어난 성범죄 피해 사실은 2차 피해 방지를 위해 양성평등 계통 외에 대대장, 주임원사 정도를 제외하고는 알 수 없어야 합니다.

그런데 우연히 알게 된 성범죄 사건 이야기를 다른 부대원들에게 알린다면? 사실을 알렸지만 피해자의 동의 없이 이야기하는 것은 피해자의 명예를 훼손하는 일입니다. 만약 공익적인 목적으로 사실을 이야기하는 바람에 명예를 훼손했다면 처벌을 면할 수 있습니다. 기자들은 언론보도로 비리를 저지른 사람들

11 「부대관리훈령」 제242조 제3호
12 「부대관리훈령」 제249조 제1항, 제250조의3

의 명예를 훼손할 수 있지만, 이는 공익을 위한 일이기 때문에 명예훼손죄로 처벌받지 않습니다.[13] 그러나 G중사의 발언에 특별히 공익적인 목적이 있다고 보기 어렵습니다. 따라서 G중사의 발언은 사실적시 명예훼손죄에 해당하고, E중위는 G중사의 상관이므로 상관명예훼손죄가 적용됩니다.

> ✓ 상관에 대해 사실을 말해도 공익적 목적이 없다면 상관명예훼손죄
> ✓ 특히 부대에서 발생한 성범죄를 언급하면 2차 피해로 추가 징계

여군 상관에 대한 성희롱

대상관범죄는 벌금형이 없이 징역형만을 규정하고 있습니다. 그렇다면 상관에 대하여 말 한마디 잘못했다는 이유로 징역을 살거나 집행유예 전과 기록이 남아야 하는 것일까요? 그렇지는 않습니다. 군사경찰과 군검찰은 내부 지침을 정해 군사법원에 넘기는 기준을 정했습니다. 2024년 현재, 아래 유형과 같은 대상관범죄는 군사법원으로 넘겨져, 재판을 거쳐 형사처벌을 받을 가능성이 높습니다.

---

13 「형법」 제310조

① 상습적으로 십수 회 이상 상관에게 모욕이나 명예훼손을 한 경우
② 여군인 상관에게 성희롱 등 성적인 발언을 한 경우

군사법원에서 처리하는 상관모욕죄는 ②번 사례와 같이 여군 상관에 대한 모욕이 많습니다. 특히 용사들과 여군 초급간부 사이에서 흔하게 일어납니다. 용사들끼리 모여 여군 상관의 외모를 평가하거나, 여군 상관을 놓고 음란한 발언을 하는 경우가 대표적입니다. ①번 사례와 달리, 여군 상관에 대한 성희롱 발언은 단 한 번의 발언만으로도 형사처벌을 받을 가능성이 높습니다. 점점 그 숫자가 늘어가는 여군 간부들의 지휘권을 더 강력하게 보호하기 위해, 특별히 무겁게 처벌하는 것으로 보입니다.

형사처벌을 피해도 무거운 징계를 받을 수 있다

상습적으로 십수 회 이상 상관에게 모욕이나 명예훼손을 하거나, 여군인 상관에 대한 성희롱 등 성적인 발언을 했을 때 집행유예 이상의 전과가 남게 되는 것으로 끝나지 않습니다. 형사처벌을 받는 것과 별개로 징계처분을 받아야 합니다.
흔히 형사처벌을 받았는데 징계처분까지 받는 것은 이중처벌이라는 오해가 퍼져 있습니다. 징계와 형사처벌 모두 징벌

이기 때문에 같은 것이라고 혼동하기 쉽지만, 둘은 성격이 다른 처벌입니다. 징계는 법적으로 「형법」이 아닌 행정법이 적용되는 행정처분입니다. 즉 형사처벌은 대한민국 국민으로서 잘못을 저질렀을 때 받는 처벌이고, 징계는 군인으로서 적절하지 않은 행위를 했기 때문에 받는 불이익입니다.

예를 들어 회사원이 휴일에 음주운전을 했다고 가정해 봅시다. 회사원은 법원에서 음주운전에 대해 벌금형 또는 징역형과 같은 형사처벌을 받을 것입니다. 그런데 회사에 출근해 보니 직위해제가 되어 있었습니다. 해당 회사는 범법 행위로 회사의 명예를 실추시킨 경우, 해당 사원의 직위를 해제하는 규정이 있었던 것입니다. 실제로 군대 밖 민간에서도 이런 규정을 둔 회사들이 많습니다.

군대도 마찬가지입니다. 부대에서 누군가 대상관범죄를 저질렀다면 「군형법」에 따라 처벌받는 것과 별개로, 부대에서는 관할 법무실에 징계를 문의하고 징계 절차를 밟아야 합니다. 징계는 형사처벌이 확정되지 않았더라도 할 수 있습니다. 특히 용사들은 형사재판이 진행된다고 전역이 미뤄지지 않기 때문에, 전역이 가깝다면 지금까지 파악된 사실을 토대로 징계 절차를 진행하여야 합니다. 전역이 임박했다는 이유로 징계를 누락해서는 안 되기 때문입니다.

간부가 대상관범죄를 저질렀을 때 기본적인 징계는 해임-강등입니다.[14] 용사가 대상관범죄를 저질렀을 때 기본적인 징계는 강등-군기교육입니다.[15] 여러 가지 사정을 따져봐도 간부는 정직 이상의 중징계를, 용사도 군기교육 이상의 중징계를 피하기가 어렵습니다. 간부에게 정직 이상의 중징계는 현역복무부적합심의 회부 대상입니다. 대상관범죄는 군 기강을 무너뜨릴 수 있는 매우 심각한 범죄여서 징계 수위도 매우 무겁습니다.

> ✓ 「군형법」 처벌과 징계는 별개. 이중처벌 아님
> ✓ 형사처벌이 확정되지 않아도 징계처분 가능

간혹 대상관범죄를 저지른 징계혐의자들이 억울함을 호소하는 경우가 있습니다. 상관이 부당한 지시를 상습적으로 내리거나 부조리를 저지른 경우입니다. 이런 행태를 참기 어려워 욕을 조금 했을 뿐인데, 대상관범죄로 처벌과 징계를 받아야 한다면 상관은 잘못이 없냐는 불만입니다. 어느 정도 일리가 있습니다. 이런 이유로 상관이 부당한 명령을 해서 가해자의 상관모욕 행위를 불러일으킨 경우는 징계를 할 때 처벌을 낮춰 줄 수 있는 이유, 즉 '감경 사유'가 될 수 있습니다. 그러나 감경 사유가 여러 개 있어도 징계 자체를 피하기는 어렵습니다. 상관의 지휘권을 그만큼 강하게 보호해야 한다는 것이 법과 규정의 취지입니다.

그렇다면 상관으로부터 부당한 지시를 받은 하급자는 어떻

---

14 「육군 규정 180 징계규정」 별지 7
15 「육군 규정 180 징계규정」 별표 2

게 해야 할까요? 신고 등 공식적인 경로로 문제를 제기하는 것이 좋습니다. 국방헬프콜(1303), 마음의 편지, 지휘 계통을 통한 건의, 고충상담관, 법무실 육군인권존중센터(카카오톡) 등 군에는 다양한 신고 방법이 있습니다. 상관의 명령을 강하게 보호하는 만큼, 하급자의 고충을 듣고 부조리를 해결하는 일도 중요하기 때문입니다. 익명으로도 신고할 수 있으니, 개인적으로 해결하려고 하지 말고 제도를 적극 활용하기를 추천합니다. 그래야 하급자가 보호받을 수 있습니다. 신고하면 조사를 담당하는 감찰실, 군사경찰대, 법무실이 곧바로 부당한 명령을 내린 상관에 대한 조사와 징계 절차를 시작할 것입니다.

- √ 상관이 부당한 명령을 내렸을 경우 적극 신고
- √ 국방헬프콜(1303), 마음의 편지, 지휘 계통을 통한 건의, 고충상담관, 법무실 육군인권존중센터(카카오톡)

III

성범죄

성범죄는 민간 사법기관에 맡겨라

 2022년 7월 1일부터, 바뀐 「군사법원법」이 시행되었습니다. 「군사법원법」의 개정은 2021년에 일어난 사건이 계기가 되었습니다. 한 공군 부사관이 성폭력 피해를 입고 스스로 목숨을 끊었습니다. 군 내 성범죄의 심각성에 대한 논의가 크게 일어났고, 그에 따라 군 사법기관의 역할을 줄이고 민간 사법기관의 역할을 늘리는 방향으로 「군사법원법」이 바뀌었습니다. 군 사법기관이 관할하지 않게 된 성범죄 등의 범죄는 모두 민간 경찰, 민간 검찰, 민간 법원이 관할합니다. 다만 이는 평시에만 적용되며, 전시에는 2021년 개정 이전과 같이 군 사법기관이 담당하며 역할도 거의 같습니다.

✓ 바뀐 「군사법원법」 (2022. 7. 1.)[1]
- 입대 전 저지른 범죄, 성폭력 범죄, 군인 사망 사건의 원인이 되는 범죄(자살을 유발한 가혹행위, 업무상과실치사죄 등)는 모두 민간으로 관할 이양
- 지휘관의 개입을 최소화하고 독립성을 보장하기 위해 사단급 이상 제대의 군검찰 폐지. 각 군 참모총장만 군검찰 운용. 이에 따라 육군은 육군본부 직할부대(육직부대) 육군검찰단을 창설
- 군사법원은 독립성을 군검찰보다 더욱 강하게 보장하기 위해 모두 국방부 직할부대(국직부대)로 변경. 군판사의 독립적인 신분을 보장하기 위해 만 56세 정년 보장
- 2심을 담당하던 국방부 고등군사법원 폐지, 1심 군사법원 재판 시 2심은 서울고등법원이 관할

군에서 해야 하는 일

성범죄는 중한 범죄입니다. 이는 군에서도 마찬가지입니다. 명령과 복종을 바탕으로 단체생활을 하는 군대에서 성범죄는 군 기강을 크게 흔듭니다. 또한 군에서 벌어진 성범죄는 국민들이 군에 느끼는 신뢰도를 떨어뜨립니다.

---

1 「군사법원법」 제2조, 제6조, 제10조, 제26조, 제36조

이런 이유로 성범죄의 관할이 민간으로 넘어갔지만, 징계가 남아 있습니다. 여전히 사단급 이상 부대에 있는 법무실은 성범죄를 저지른 간부를 징계합니다. 징계 수위도 무겁습니다. 정직 이상의 중징계가 기본입니다.[2] 단 1회의 성범죄만으로도 현역복무부적합심의에 부쳐지거나, 해임·파면되어 불명예 전역할 수 있습니다.

성범죄는 성(性)이 가지는 특수성 때문에 다른 범죄에 비해 복잡합니다. 부대에서 알아야 할 것들, 성범죄가 일어났을 때 취해야 하는 조치도 많습니다. 이 책에서는 최근 병영에서 많이 일어나는 일반성범죄, 디지털 성범죄, 성희롱과 2차 피해를 중심으로 다뤄보겠습니다.

상대방의 동의 없이 행동하지 말 것: 일반성범죄

2013년, 성범죄를 처벌하는 우리 「형법」이 크게 바뀌었습니다. 2013년 이전에 남성은 성폭행(강간) 피해자가 될 수 없었습니다. 즉 피해자가 될 수 없으니 가해자를 고소할 수도 없었습니다. 그러나 법 개정으로 피해자의 범위를 '부녀'에서 '사람'으로 바꾸었습니다. 남성도 성폭행의 피해자가 될 수 있습니다.

---

2 「육군 규정 180 징계규정」 별표 6

또한 성범죄는 친고죄였습니다. 성범죄를 당한 피해자가 피해 이후 6개월 이내에 경찰에 신고하고 고소하지 않으면 가해자를 수사하거나 처벌할 수 없었습니다. 그러나 이것도 바뀌었습니다. 이제 피해자가 신고하지 않아도 수사 및 처벌할 수 있습니다. 한편 성폭행 이외의 성범죄를 처벌할 수 있도록 유사강간죄 등을 새로 만들었습니다.

여러 문제점들을 해결하기 위해 「형법」에서 성범죄 부분을 고쳤지만, 아직 완전하지는 않습니다. 개정된 성범죄 조항에 따라 범죄 여부를 따지고 처벌한 지 고작 10년 남짓밖에 지나지 않아 사례가 적기 때문입니다. 그래서 일반인의 눈으로 보기에 성범죄는 처벌에 공백이 많고, 개념 또한 모호한 측면이 있습니다.

일반성범죄는 강간죄, 유사강간죄, 강제추행죄로 나누어 볼 수 있습니다. 이 세 가지 범죄의 공통점은 '상대방의 동의 없이 성적인 행동을 한다'는 점입니다. 핵심은 '상대방의 동의'입니다. 그리고 피해자의 나이가 어릴수록, 피해자가 군인이면 가중처벌됩니다.

√ 남성도 성범죄 피해자가 될 수 있다.
√ 피해자가 신고하지 않아도 수사할 수 있다.
√ 성폭행(강간) 이외에도 처벌 가능

피해자의 나이와 신분[3]	(준)강간	(준)유사강간	(준)강제추행	(준)강간, 유사강간, 미성년자 강제추행, 의제성범죄의 예비 음모
13세 미만	무기징역 또는 10년 이상 징역	7년 이상 징역	5년 이상 징역	3년 이하 징역
13~18세	무기징역 또는 5년 이상 징역	5년 이상 징역	2년 이상 징역 또는 1천만~3천만 원 벌금	
성인	3년 이상 징역	2년 이상 징역	10년 이하 징역 또는 1천 500만 원 이하 벌금	
군인	5년 이상 징역	3년 이상 징역	1년 이상 징역	

동성끼리는 강간이 성립하지 않는다

군에서 일어나는 성범죄는 강제추행이 많지만, 성범죄에 대한 개념을 먼저 잡기 위해 강간부터 살펴보겠습니다. 강간[4]은 '상대방과 동의 없이 성관계를 갖는 것'입니다. 법원은 강간죄에서의 성관계를 '남성 성기와 여성 성기가 결합'하는 것으로 봅니다.[5] 즉 상대방 동의 없이, 남성의 성기가 여성의 성기에 삽입되는 순간 강간죄가 성립됩니다. 따라서 남성과 여성

---

3   미성년자 대상 의제성범죄의 경우, 성인 대상 성범죄와 형량이 동일하다.
4   「형법」 제297조
5   대법원 2019. 3. 28. 선고 2018도16002 전원합의체 판결

모두 강간의 가해자가 될 수 있지만, 남성과 남성, 여성과 여성 사이에서는 강간죄가 성립할 수 없습니다.

> √ **강간** : 폭행 또는 협박으로, 상대방과 동의 없이 갖는 성관계
> √ **성관계** : 남성 성기와 여성 성기의 결합

한편 성기가 결합하지 않는 성관계도 있습니다. 그런데 우리 법원은 강간에서 벌어지는 성관계 개념을 '성기와 성기의 결합'이라고만 해석하여 문제가 생깁니다. 강간의 범위를 지나치게 좁게 보고 있어, 강간죄만으로는 현실에서 일어나는 성범죄를 모두 처벌할 수 없습니다. 그래서 이런 유사한 성관계도 처벌할 수 있도록, 2013년에 유사강간죄[6]를 새로 만들어 처벌하고 있습니다. 이렇게 되면 법원이 강간에 대한 해석을 바꾸지 않고도 처벌할 수 있습니다. 이 경우 동성 간에도 성범죄가 발생합니다.

> √ **유사강간죄로 처벌되는 유사한 성관계**
> - 성기를 제외한 몸의 다른 부위(입, 항문 등)에 성기를 넣는 행위
> - 성기나 항문에 성기를 제외한 몸의 다른 부위(손가락 등)를 넣는 행위
> - 성기나 항문에 물건을 넣는 행위

6 「형법」제297조의2

> ✓ 성별과 성범죄
> - 성범죄는 남성도 피해자가 될 수 있고, 동성 사이에도 발생 가능

피해자가 의식이 없을 때, 합의했어도 성범죄가 될 때

준강간, 준유사강간이라는 용어도 있습니다. 여기서 말하는 '준'은 피해자가 의식이 없는 상태를 뜻합니다.[7] 대표적으로 술에 취해 의식이 없는 상태가 있습니다. 피해자가 술에 취해 의식이 없는 상황을 이용해 성관계를 했다면 준강간이 됩니다. 술에 취해 의식이 없다면 성관계에 동의할 수 없겠죠. 합의된 성관계가 아니라고 보고, 준강간죄로 강간죄와 동일하게 처벌하는 것입니다. 강간죄와 준강간죄, 유사강간죄와 준유사강간죄, 강제추행죄와 준강제추행죄는 동일하게 처벌합니다.

죄명 앞에 '의제'가 붙는 것은 어떤 상황일까요? 의제는 '실제로 그랬냐'와는 관계없이 일률적으로 판단한다는 뜻입니다. 어떤 성인이 만 16세 미만의 청소년과 성관계를 맺었습니다. 두 사람은 돈을 주고받지도 않았고, 성인이 성관계를 강제로 맺은 것도 아니었습니다. 청소년이 성관계에 합의했지만, 우리

---

7 「형법」제299조

법은 이런 경우 그 성인을 의제강간죄로 처벌합니다.[8] 그 청소년은 진심으로 어른과의 성관계에 동의했다고 볼 수 있을까요? 혹 당시에는 진심으로 동의했다고 해도, 나중에 커서 자신의 진심이 올바른 것이었는지 확신할 수 있을까요? 그 어른이 나쁜 마음으로 청소년의 마음마저 이용했던 것은 아닐까요? 실제로 익명 채팅 어플리케이션을 이용해 아동과 청소년을 대상으로 하는 '그루밍 성범죄'가 늘어나고 있습니다. 이런 이유로 성인이 만 16세 미만과 성관계를 맺으면 강간한 것으로 판단하고, 의제라는 개념을 사용합니다. 의제유사강간죄, 의제강제추행죄도 마찬가지입니다.

✓ 피해자가 의식이 없었을 때도 가해자는 처벌받는다.
✓ 성인이 만 16세 미만인 사람과 합의하고 성관계를 맺어도, 성인은 성범죄를 저지른 것으로 본다.

범죄 결과로 이어지지 않았을 때

미수라는 단어는 익숙할 것입니다. 미수는 범죄를 시도했지만 범죄의 결과를 내지 못한 것을 뜻합니다. 대표적으로 '살

---

8 「형법」제305조

인미수'가 있습니다. 법률 용어로는 범죄 시도를 '실행의 착수', 범죄의 결과를 '기수'라고 합니다. 즉 실행의 착수가 있었지만, 기수에 이르지 못했다면 미수죄로 처벌합니다. 강간을 하려고 피해자에게 폭력을 휘둘렀지만(실행의 착수), 성기를 삽입(기수)하지 못했다면 강간미수죄로 처벌받습니다.

그런데 예비와 음모는, 미수와 다른 개념입니다. 음모는 여러 명이 범죄를 저지를 계획을 세우는 것(생각)입니다. 만약 혼자서 머릿속으로 범죄를 저지를 생각을 했다면 처벌할 수는 없습니다. 머릿속으로 했던 생각을 밝혀내는 것도 쉽지 않습니다. 그런데 두 사람이 모여 누군가를 강간하자고 이야기했다면 상황은 달라집니다. 실제 강간이 일어날 확률이 높아지기 때문입니다. 법에서 처벌하는 음모는 2명 이상이 구체적으로 범죄 계획을 세웠을 때에 해당합니다. 예비는 범죄를 준비하는 것(행동)입니다. 강간하려고 상대방을 위협할 칼을 샀다면 예비에 해당합니다. 예비는 음모와 달리 혼자서도 할 수 있습니다.

예비와 음모는 매우 중한 범죄의 경우에만 성립합니다. 예를 들어 내란을 일으키기 위해 예비하고 음모했다면 처벌받습니다. 그리고 이런 경우 반드시 해당하는 내용을 「형법」에 적어둡니다.[9] 「형법」 제87조는 내란죄의 처벌에 대해, 그리고 「형법」 제90조는 내란 예비와 음모의 처벌에 대해 적어 두었

---

9   「형법」 제28조

습니다. 성범죄도 중범죄입니다. 강간과 유사강간,[10] 미성년자에 대한 강제추행[11]은 예비와 음모만 해도 처벌받습니다.

> ✓ 성범죄의 결과를 내지 못해도 처벌받는다.
> ✓ 성범죄는 범죄를 준비하거나 상의해도 처벌받는다.

동의가 없었는데 만졌다면 강제추행죄

이제 군에서 가장 많이 일어나는 강제추행을 살펴보겠습니다. 군에서 강간과 유사강간보다는 강제추행이 더 자주 일어납니다. 강간과 유사강간은 성관계를 전제한 범죄입니다. 그렇기 때문에 강간과 유사강간은 피해자와 가해자 둘만 있는 공간에서 일어나는 경우가 많습니다. 그런데 부대에는 피해자와 가해자 둘만 있을 수 있는 공간보다는 그렇지 않은 공간이 많습니다. 연병장, 지휘통제실, 생활관 모두 함께 생활하는 공간입니다. 강제추행죄는 이렇게 모두 함께 생활하는 공간에서도 일어날 수 있습니다. 강제추행을 처벌하는 형법 조문을 살펴봅시다.

---

10 「형법」 제305조의3
11 「아동·청소년의 성보호에 관한 법률」 제7조의2, 「성폭력범죄의 처벌 등에 관한 특례법」 제15조의2

「형법」 제298조(강제추행)
폭행 또는 협박으로 사람에 대하여 추행을 한 자는 10년 이하의 징역 또는 1천 500만 원 이하의 벌금에 처한다.

　법에서 말하는 '폭행'은 우리가 일상생활에서 '폭행'이라고 부르는 행위보다 범위가 넓습니다. 폭행이라고 하면 주먹으로 얼굴을 때리는 등의 행동이 떠오르지만, 주먹으로 얼굴을 맞으면 전치 2주 진단은 어렵지 않게 받을 수 있습니다. 이렇게 구체적으로 다치면 상해죄가 성립합니다.
　그렇다면 법에서 말하는 폭행은 무엇일까요? 상대가 어떤 방식으로든 고통을 느꼈다면 폭행이 됩니다. 내 몸에 누군가의 손이 살짝만 닿아도 불쾌함을 느낄 수 있습니다. 이것조차도 고통일 수 있습니다. 다시 말해 '터치(touch)'도 폭행이 되는 것입니다.
　법원은 폭행에 의한 강제추행을 '의사에 반하는 유형력 행사'로 보고 있습니다.[12] 즉 강제추행에서 유형력이 행사되었다고 하면, 손으로 만지거나 신체를 접촉했다고 보면 됩니다. 따라서 '의사에 반하는 유형력 행사'는 '동의하지 않았는데 만지거나 신체를 접촉했다' 정도로 번역할 수 있습니다. '동의 없음'+'터치', 이렇게 두 가지가 있었다면 강제추행입니다.
　마지막으로 강제추행은 남성과 여성 사이에서만 발생하지

---

12 대법원 2023. 9. 21. 선고 2018도13877 전원합의체 판결

않습니다. 유사강간처럼 동성(同性) 사이에서도 얼마든지 가능합니다. 남성과 남성 사이에서도 발생할 수 있습니다.

고의 없이 만졌다면 무죄

√ **강제추행죄**
- 요건 1: 가해자가 일부러 터치했을 것. 피해자가 성적 수치심이나 불쾌감을 느끼게 할 목적을 갖고 만지거나 신체 접촉을 해야 함
- 요건 2: 제3자가 봤을 때도 피해자가 충분히 성적 수치심이나 불쾌감을 느낄 정도일 것

먼저 강제추행죄의 성립에는 고의, 즉 '일부러'가 중요합니다. 사람이 빼곡하게 타고 있는 지하철에서 손잡이를 잡으려다가 우연히 손이 닿았거나 몸이 닿았다고 해서 곧바로 강제추행이 되지는 않습니다. 성적 수치심이나 불쾌감을 느끼게 할 고의가 있어야만 강제추행죄로 처벌받습니다. 즉 상대방에서 성적 수치심이나 불쾌감을 일으킬 목적으로, 일부러 다른 사람의 몸에 접촉했어야 강제추행이 됩니다.

'불쾌감을 일으킬 목적'을 달리 말하면, 상대방을 괴롭히려고 했다는 뜻입니다. 많은 경우 강제추행을 포함해 성범죄 가해자들은 괴롭힐 생각은 없었다고 말합니다. 그래서 중요한 것은

두 번째 요건입니다. 괴롭힐 생각이 없었다고 해도, 제3자가 보기에도 충분히 피해자가 괴로워했을 것 같다면 가해자에게 고의가 있다고 추정합니다. 만약 피해자가 정말 성적 수치심이나 불쾌감을 느끼지 못했다면 어떨까요? 피해자의 느낌은 강제추행죄 성립과 관계가 없습니다.[13] 다만 피해자가 성적 수치심이나 불쾌감을 느끼지 못할 정도였다면, 제3자의 눈도 믿기 어려울 수 있고 판단이 달라질 수 있습니다. 따라서 두 번째 요건을 따져볼 때는 피해자의 의사, 가해자와 피해자 사이의 평소 관계, 신체 접촉이 일어나게 된 배경을 종합해서 살펴봐야 합니다.[14]

두 번째 요건을 따져볼 때는 성적 도덕관념에 대한 사회 분위기 등도 함께 살펴봐야 합니다. 포옹하는 것이 익숙한 사회라면, 포옹 그 자체가 강제추행이 되기는 어려울 것입니다. 반대로 경례로만 인사를 나누는 곳이라면, 포옹은 강제추행이 될 가능성이 있습니다. 이런 이유로 강제추행은 병영에서 여러 가지 모습으로 나타날 수 있습니다.

다음 사례들은 강제추행일까요? 모두 강제추행이라 볼 여지가 충분합니다.

- ✓ 사무실에 앉아서 업무를 보고 있는 부사관의 머리를 쓰다듬는 행위
- ✓ 사격훈련을 마치고 돌아온 용사를 격려하려고 엉덩이를 두

---

[13] 대법원 2020. 6. 25. 선고 2015도7102 판결, 2021. 12. 28. 선고 2021도7538 판결 등
[14] 대법원 2020. 6. 25. 선고 2015도7102 판결, 2021. 12. 28. 선고 2021도7538 판결 등

> 드리는 행위
> ✓ 피로를 풀어주겠답시고 장교의 어깨를 주물러주는 행위

사례 1 영화 <범죄도시 1> 속 강제추행

영화 <범죄도시 1>에는 마석도 형사가 범죄 조직의 두목 장이수의 성기를 움켜쥐는 장면이 나온다. 영화 캐릭터들의 관계를 재밌게 연출한 장면이지만 법적으로 보면 명백한 강제추행이다. 범죄를 수사하기 위해서였지만 마석도 형사는 장이수에게 성적 수치심과 불쾌감을 줄 목적이 있었다. 즉 고의가 있었다. 한편 장이수는 성적 수치심과 불쾌감을 표현했다. 관객들은 이 장면이 영화 속 연출이기에 웃어넘겼겠지만, 실제 상황이었다면 분명 장이수가 성적 수치심과 불쾌감을 느꼈다고 증언할 것이다. 그렇다면 제3자가 보기에도 충분히 성적 수치심을 느낄 만한 행위일 것이다.

<범죄도시 1>의 사례는 가장 많이 발생하는 강제추행 사례입니다. 옛날 병영에서는 이런 식의 장난이 흔했다고 합니다. 그러나 지금의 병영은 이를 장난으로 넘길 수 있는 분위기가 아닙니다. 훈련병 교육 때 훈련병들에게 이 사례를 소개하며 단순한 장난이라고 생각하는지 물어보면, 아니라고 생각하는 훈련병들이 훨씬 많았습니다. 장난으로라도 남의 몸에 함부로 손을 대서는 안 되는 것으로 사회 분위기가 바뀌어 가고 있습니다. 병영에서 마석도 형사와 같은 일을 벌였다면, 피해자가 군인 신분이므로 '군인 등 강제추행죄'로 가중처벌을 받습니다. 성범죄는 피해자가 어릴수록, 그리고 군인인 경우 「군

형법」에 따라 가중처벌을 받는다는 점을 기억해야 합니다.

사례 2 손이 닿지는 않았지만

A하사는 동료 부대원과 퇴근 후 술을 마시고 관사로 가기 위해 버스 정류장으로 걸어가고 있었다. A하사 앞에서 한 여고생도 버스 정류장으로 걸어가고 있었다. 인적이 드문 정류장에 도착한 A하사. 여고생의 뒤로 다가가 팔을 들어 껴안으려 하였다. 좋지 않은 느낌이 든 여고생은 뒤를 돌아보고 소리를 질렀다. A하사는 여고생이 소리를 지르자 도망쳤지만, 이내 신고를 받은 경찰에 붙잡혔다. A하사는 고의가 없었고, 무엇보다 여고생과 접촉하지는 않았으니 유형력 행사도 아니라며 강제추행이 아니라고 주장했다.[15]

대법원은 A하사에게 강제추행미수죄가 성립한다고 보았습니다. 인적이 드문 야심한 밤에, 처음 본 여고생 뒤에서 팔을 들어 껴안으려고 접근한 것은, 여고생으로 하여금 성적 수치심과 불쾌감을 느끼게 하려는 고의가 있었다고 충분히 추정할 수 있다는 것입니다. 즉 팔을 들어올린 행위를 고의에 따른 실행의 착수라고 본 것입니다. 다만 실제로 손이 여고생의 몸에 닿지는 않았으니, 강제추행에 실패했다고 볼 수 있습니다. 기수에 이르지 못했으니 강제추행미수로 보고, 유죄판결을 내린 것입니다. 남의 몸에 함부로 손을 대서도 안 되고, 누구라도 내 몸에 손을 대려 하면 즉시 신고하는 것이 좋습니다.

15 대법원 2015. 9. 10. 선고 2015도6980, 2015모2524(병합) 판결의 사례를 각색.

디지털 성범죄는 가까운 곳에 있다

카메라 등 이용 촬영 (몰카 범죄)	- 상대방 동의 없이 촬영하거나, 동의 없이 촬영된 촬영물을 배포했을 때 - 상대방의 동의를 얻어 촬영했으나, 동의 없이 촬영물을 배포했을 때	7년 이하 징역 또는 5천만 원 이하 벌금
	- 불법촬영물임을 알고 시청한 때	3년 이하의 징역 또는 3천만 원 이하 벌금
통신매체 이용 음란행위 (몸캠 범죄)	- 전화, 우편, 컴퓨터 등 통신매체를 이용해 성적 수치심 유발하는 말, 그림, 영상, 물건 등을 도달시켰을 때	2년 이하 징역 또는 2천만 원 이하 벌금

스마트폰 등 디지털 기기의 발달로 새로운 성범죄가 나타났습니다. 대표적으로 불법촬영 범죄(몰카 범죄)[16]와 몸캠 범죄[17]가 있습니다. 법률상 정식 명칭은 '카메라등이용촬영죄', '통신매체이용음란행위죄'[18]지만, 이 책에서는 편의상 불법촬영 범죄, 몰카 범죄라고 부르겠습니다.

불법촬영 범죄는 상대방의 동의 없이 성행위나 성적인 영상을 찍는 것, 동의 없이 해당 영상을 퍼뜨리는 것입니다. 몰래 설치한 카메라로 영상을 찍는 행위가 대표적입니다. 따라서 병영에 있는 화장실, 샤워실, 숙소 등에 몰래 설치된 카메라가 있는지 주기적으로 꼼꼼하게 점검해야 합니다.

불법촬영 범죄에서는 상대방 동의 없이 찍기만 해도 범죄

---

16 「성폭력범죄의 처벌 등에 관한 특례법」 제14조(카메라 등을 이용한 촬영)
17 「성폭력범죄의 처벌 등에 관한 특례법」 제13조(통신매체를 이용한 음란행위)
18 법무 계통에서는 실무상 '통매음'으로 줄여 부르기도 한다.

가 됩니다. 만약 상대방이 영상 촬영에 동의했다면 어떻게 될까요? 영상 촬영 자체는 범죄가 되지 않습니다. 다만 동의를 받아 촬영한 영상이더라도, 동의 없이 영상을 유포하면 동일하게 불법촬영 범죄로 처벌받습니다. 연인끼리 동의하여 영상물을 찍었다가, 헤어진 후 앙심을 품고 유출하는 경우를 처벌하기 위해서 추가 규정을 둔 것입니다. 두 경우 모두 7년 이하의 징역 또는 5천만 원 이하의 벌금형을 받을 수 있는 중한 범죄입니다. 만약 영상으로 수익을 창출하려는 목적, 즉 영리 목적이 있었다면 가중하여 처벌합니다.

불법촬영 범죄는 최근 몇 년간 심각한 사회문제로 제기되었습니다. 이런 이유로 장병들도 불법촬영 범죄의 내용을 잘 알고 있는 경우가 많습니다. 그러나 몸캠 범죄는 상대적으로 그렇지 않습니다. 20대 장병을 중심으로 몸캠 범죄 발생이 늘고 있습니다. 특히 용사들이 병영에서 스마트폰을 쓸 수 있게 되면서 몸캠 범죄는 빠르게 늘고 있습니다.

> √ 동의 없는 성적 영상 촬영은 성범죄다.
> √ 동의를 얻은 촬영물도 동의 없이 배포하면 성범죄다.

사례 3 B병장의 은밀한 채팅

B병장은 SNS 계정이 있다. B병장은 자신의 SNS 계정으로 다이렉트 메시지

(DM)를 받았다. 메시지에는 "한국이 좋아요. 한국에 대해 알고 싶어요."라는 어색한 한국어와, 수영복 차림을 한 여성의 사진이 담겨 있었다. B병장은 해당 계정을 팔로우하고 DM으로 채팅을 주고받기 시작했다.

평범한 대화가 오가던 어느 날. DM으로 계정 주인의 것으로 보이는 나체 사진이 도착했다. 그리고 자신의 것을 보여주었으니 당신 것도 보여 달라며 B병장에게 성기 사진을 요구했다. 호기심이 발동한 B병장은 자신의 성기 사진을 찍어 DM으로 보냈다. 그러자 B병장에게 더 많은 사진이 도착했다. 그런데 전과 달리 사진의 해상도가 낮아 흐릿했다.

B병장이 사진이 잘 보이지 않는다고 말하자 DM으로 apk 파일이 도착했다. apk 파일을 설치하면 사진이 또렷하게 보일 것이라는 설명과 함께였다. 등록되지 않은 앱이라며 보안 경고가 떴지만 B병장은 크게 신경 쓰지 않았다. 이미 오랫동안 대화를 이어갔기에 별 일이 없을 것이라 생각했기 때문이다.

그런데 B병장이 파일을 설치했음에도 사진은 선명하게 보이지 않았다. 대신 다른 DM으로 이상한 메시지가 도착했다. "너의 성기 사진을 입수했다. 내일까지 비트코인 1개를 보내지 않으면 이 사진을 너의 친구들에게 뿌려버리겠다!" 당황한 B병장. 어떻게 해야 할까?

....

B병장은 몸캠 범죄, 흔히 몸캠 피싱이라고도 불리는 일을 당했습니다. 가장 흔하게 발행하는 몸캠 피싱 유형이죠. 주보 범죄 조직이 여성인 척 남성에게 접근해, 음란한 사진이나 영상을 보내는 것으로 시작합니다. 이후 남성에게 성기 등 사진이나 영상을 요구하고, 이런저런 이유로 apk 파일 설치를 유도합니다. 이 apk 파일은 대부분 악성 코드 앱으로, 스마트폰에 설치하면 스마트폰에 저장된 전화번호와 개인정보가 범죄 조직에 넘어갑니다. 그리고 범죄 조직은 협박을 시작하죠. 돈을 보내지 않으면 확보한 전화번호로 지인들에게 남성의 사진이

나 영상을 배포하겠다는 협박입니다.

B병장의 행위를 하나하나 따져 봅시다. DM으로 음란한 사진이나 텍스트를 보낸 순간, B병장은 몸캠 범죄를 저질렀다고 판단할 수 있습니다. 몸캠이니 동영상만 해당된다고 생각하기 쉽지만 사진, 그림, 텍스트, 음성 파일 등 거의 모든 디지털 파일이 여기에 포함됩니다. B병장이 성기 사진을 보내기 이전부터 상대방에게 음란한 텍스트를 전송했다면 그것만으로도 몸캠 범죄가 성립할 수 있습니다. 만약 상대방이 음란한 내용의 채팅을 하기로 동의했다면 처벌받지는 않습니다. 따라서 B병장도 실제 처벌까지 이어질 가능성은 낮습니다. 다만 상대방이 동의하지 않았는데 이런 음란한 채팅을 보냈다면 처벌 대상이고, 실형을 받을 가능성도 높습니다.

B병장은 몸캠 범죄를 저질렀다는 혐의를 받고 있지만, 동시에 협박을 받고 있는 피해자이기도 합니다. B병장이 음란한 사진을 찍어 보낸 행위는 법적으로 문제가 있습니다. 그러나 사진을 무단으로 유포하지 않는 조건으로 돈을 요구받는 협박 상황도 법적으로 문제가 있습니다. B병장은 자신이 당하고 있는 불법 행위, 협박으로 인한 피해를 경찰과 같은 수사기관에 신고해야 하지만, 실제로는 신고를 꺼리는 경우가 많습니다. B병장 자신의 행위가 불법적이었던 탓에 처벌을 받을 것을 두려워하기 때문입니다. 또한 몸캠 범죄에 연루되었다는 것 자체를 부끄러워하며, 돈을 주고 적당히 해결하고 싶기 때문이기도 합니다. 이런 이유로 몸캠 범죄는 사건이 얼마나 일어나

는지 정확하게 파악하기도 어렵고, 또한 사법기관이 피해자를 법적으로 보호하기도 어렵습니다.

> √ 성적인 내용의 메시지를 보내기만 해도 성범죄(몸캠 범죄)가 될 수 있음
> √ 익명 채팅은 하지 말 것

음란한 사진을 찍지 말자

대부분의 디지털 성범죄는 가해자가 익명인 채로 접근합니다. 그리고 가해자는 익명성을 이용해 피해자를 다른 범죄에 가담시키기도 합니다. 가해자는 피해자 스마트폰에 설치된 악성 코드 앱으로 피해자를 계속 협박할 수 있습니다. 결국 디지털 성범죄로 시작해 아동·청소년 성매매, 마약 범죄, 통신 사기 등 다른 범죄에 연루될 가능성이 높습니다.

따라서 알 수 없는 누군가가 SNS 등으로 접근해 온다면 피해야 합니다. 작은 호기심으로 시작한 일이 큰 범죄에 가담하게 되는 결과를 낳을 수 있기 때문입니다. 혹 디지털 상으로 접촉을 했더라도 apk 파일 등을 설치하라는 요구만큼은 절대 따라서는 안 됩니다. 어플리케이션은 반드시 구글 플레이나 애플 앱스토어와 같이 공인된 스토어에 있는 것만 설치해야 합니다.

또한 스마트폰으로 음란한 사진을 찍어서 저장하지 않는 것도 중요합니다. 이것만 해도 거의 100% 범죄 피해를 예방할 수 있습니다. 스마트폰도 기계이기에, 어떤 식으로든 해킹될 수 있습니다. 해킹되면 저장된 모든 기록이 유출될 수 있습니다. 만약 모르는 누군가가 음란한 사진을 찍자고 했다면, 거의 99.99% 확률로 범죄로 이어질 가능성이 있다고 보면 됩니다.

서로 아는 사이, 사랑을 나누는 사이에도 추억을 만들자며 사진이나 영상을 찍어서 저장하는 경우가 있습니다. 두 사람이 합의했고, 두 사람만 간직하기로 약속했다고 해도 둘 중 한 사람이라도 마음이 변하면 유포할 수도 있습니다. 두 사람 모두 유출하지 않겠다는 약속을 잘 지킨다고 해도, 어느 한 사람의 스마트폰이 해킹을 당하는 일이 발생하면 데이터가 유출될 수도 있습니다. 이렇게 한 번 유출되면 협박과 범죄, 피해로 이어지는 것을 막기가 매우 어렵습니다. 그러니 비록 사랑하는 사이에서 추억을 남기고 싶다고 하더라도, 스마트폰으로 신체 부위의 사진이나 영상을 찍어 저장하는 일은 절대 하지 않기를 권합니다.

✓ 성적인 사진이나 영상은 무조건 찍지 말자.
✓ 성행위 사진 및 영상도 마찬가지로 찍지 말자.

성희롱 처벌을 가볍게 생각하지 말 것

우리「형법」에는 '성희롱죄'나 '2차 피해죄'가 없습니다.「형법」에서 죄로 규정하고 있지 않다면, 범죄로 처벌할 수는 없죠. 따라서 성희롱이나 2차 피해가 성범죄는 아닙니다. 다만 앞서 대상관범죄에서 살펴본 바와 같이, 여군 상관에 대한 성희롱은 예외적으로 상관모욕죄가 될 수 있습니다.

성희롱과 2차 피해가 형사처벌을 당할 범죄는 아니지만, 비난받아야 할 이유는 충분합니다. 성희롱과 2차 피해는 언제든지 군에서 일어날 수 있습니다. 이런 이유로 성희롱과 2차 피해는 사단급 이상 부대의 법무실이 직접 징계합니다. 성희롱의 경우 대부분의 성범죄와 동일하게 기본 양정을 정직으로 두어 중징계로 처리하고 있습니다. 2차 피해는 기본 양정을 감봉부터 견책까지의 경징계로 두고 있지만, 역시 성폭력 사건으로 분류되어 사단급 이상 부대의 법무실이 담당하는 점은 같습니다.[19]

성범죄는「형법」에 규정되어 있지만, 성희롱과 2차 피해는「형법」에 규정되어 있지 않아 판단이 조금 어렵습니다. 국방부「부대관리훈령」에 성희롱과 2차 피해에 대한 내용이 있지만, 최근에 추가된 규정이라 개념이 모호하고 설명도 복잡한 편이죠.

---

19 「육군 규정 180 징계규정」 제9조 제3항, 별표 2, 별표 6

> ✓ **성희롱**: 성적 불쾌감을 일으킬만한 성적 언동, 행위[20]

성희롱부터 살펴봅시다. 언동, 행위라는 말이 보입니다. 말과 행동이라는 뜻입니다. 말과 행동이 성적 불쾌감을 일으키면 성희롱이 됩니다. 문제는 성적 불쾌감에 대한 기준이 사람마다 다르다는 점입니다. 나는 성희롱을 할 뜻이 없는 말과 행동이었는데, 상대방이 성적 불쾌감은 느끼면 어떻게 될까요? 반대로 나는 성희롱을 하려고 했는데, 상대방이 성적 불쾌감은 느끼지 않는 경우는 없을까요? 다음은 제가 법무 장교로 근무하면서 보았던 사례를 각색한 것입니다.

> ✓ 1중대장! 얼굴이 좋네? 밤에 부부 사이가 좋은가봐?
> ✓ 군수담당관님은 너무 예쁘셔서 남자들이 가만 내버려두지 않겠어요!
> ✓ 체력검정 특급 받으려면 살을 조금만 더 빼자. 3kg만 빼면 될 것 같은데?
> ✓ 부소대장은 승모근이 넓어서 옷 입기 불편하겠어.
> ✓ (회식 자리에서) 러브샷! 러브샷!

어떤 것이 성희롱이고 어떤 것이 성희롱이 아닐까요? 누가

---

20 「부대관리훈령」제242조 제1호

보더라도 성적 불쾌감을 불러일으키는 말과 행동도 있지만, 그렇지 않은 것도 있습니다. 성희롱의 판단 기준이 명확하지 않기 때문에 당시 상황, 당사자들의 관계, 입장에 따라 성희롱일수도, 아닐 수도 있는 것입니다.

2차 피해

2차 피해도 마찬가지입니다. 피해자가 불이익을 입을 수 있는 행위라면 모두 2차 피해가 될 수 있습니다. 2차 피해 규정은 지휘관이 성범죄를 은폐하거나, 도리어 성범죄 피해를 당한 피해자를 탓하며 피해자에게 불이익을 주는 행위를 막기 위해 새로 규정한 것입니다. 그런데 2차 피해라는 개념이 낯설고, 사회적 합의가 정확히 되지 않은 상태에서 모호하게 규정에 들어와 혼란이 생기고 있습니다.

> √ **2차 피해**: 성폭력 사건 처리 시 피해자에 대한 유무형의 불이익을 입힐 수 있는 모든 행위[21]

2020년 「부대관리훈령」에 처음으로 2차 피해라는 단어가

---

21 「부대관리훈령」 제242조 제3호

들어가기 시작했고, 성폭력 피해 공군 부사관 사건이 발생한 이후인 2022년이 되어서야 2차 피해에 대한 정의가 생겼습니다. 2차 피해를 당할 수 있는 사람으로 피해자, 신고자, 조력자, 대리인까지 규정하고 있는데, 조력자는 누구인지, 대리인은 누구까지로 볼 것인지 명확하게 규정되어 있지 않습니다. 불이익도 정신적, 신체적, 경제적 불이익을 포함한다고만 되어 있을 뿐이라서, 사람에 따라 이익인지 불이익인지 달라질 수도 있습니다. 성희롱과 2차 피해는 분명 비난받아야 할 행위지만, 이를 처벌하기 위한 규정이 이렇게 여러 해석을 낳을 수 있도록 되어 있는 상황은 바람직하지 않습니다. 지금까지 군대가 성범죄에 무관심했던 데 대한 반작용과 모호한 규정 때문에 지휘관들이 부당하게 2차 가해자로 불려 다니는 경우도 있습니다.

이런 이유로 국방부는 2022년 5월 20일 「부대관리훈령」을 개정했습니다. 주요 내용은 성고충심의위원회를 새로 만드는 것입니다.[22] 부대 양성평등 계통의 성고충상담관이 성희롱 사건이나 2차 피해 사건을 접수할 때, 성희롱이나 2차 피해 여부가 명확하지 않다고 판단되는 경우가 있습니다. 이럴 때는 사단급 이상 부대에 성고충심의위원회를 설치하고, 성희롱 및 2차 피해가 성립하는지 위원회에서 판단합니다. 이 위원회는 위원장 1인 포함해 모두 6명 이상으로 구성됩니다. 이 가운데 외부 위원은 반드시 2명 이상 포함되어 있어야 합니다. 내부

---

22 「부대관리훈령」 제251조 제1항

위원으로 군법무관, 인사 계통의 업무담당자, 양성평등 계통에 있는 성고충상담관도 반드시 포함시켜야 합니다.[23] 특정 성별에 따른 편향적인 판단이 내려지는 것을 막기 위해, 위원회 구성원 가운데 특정 성별 비율이 60%를 넘을 수 없습니다.

성희롱과 2차 피해에 대응하는 성고충심의위원회의 운영 방식을 살펴보면, 규정의 모호함을 해결하려는 국방부의 고민이 느껴집니다. 하지만 실제로 위원회를 운영해보면 쉽지 않습니다. 적당한 자격의 내부·외부 위원을 구성하면서, 위원들의 성별 비율까지 맞추기도 어렵습니다. 위원 수도 많은 데다 부대 밖 외부 위원의 협조까지 구해야 해서 행정 소요도 큽니다. 무엇보다 위원회는 성희롱이나 2차 피해 여부만 판단할 뿐입니다. 판단이 끝났다면 징계와 보직해임 등의 조치는 따로 진행됩니다.

불필요한 농담으로 죄를 짓지 말자

사건을 엄정하고 올바르게 해결하는 것도 중요하지만, 더 중요한 것은 처음부터 사건이 일어나지 않게 하는 것입니다. 바로 예방입니다. 성희롱을 예방하는 가장 확실한 방법은 흔히 '섹드립'이라고 부르는 성적인 농담을 하지 않는 것입니다.

---

23 「부대관리훈령」 제251조의2

TV나 유튜브 등에는 성적인 농담을 바탕으로 하는 콘텐츠가 많습니다. 하지만 이런 콘텐츠는 해당 성격의 콘텐츠를 즐기려는 시청자를 전제로 합니다. 또한 출연자들이 미리 대본을 확인한 다음 촬영하거나, 진행자가 전반적인 흐름을 조정하면서 콘텐츠를 만듭니다. 말과 행동, 이에 대한 제작과 소비가 모두 합의된 상태, 즉 약속을 해놓고 즐기는 것이죠. 그럼에도 자칫 성희롱으로 문제가 생기는 경우가 나오고는 합니다.

군대는 이런 예능 콘텐츠를 만드는 곳이 아닙니다. 상명하복의 원칙에 따라 상급자, 하급자, 동료가 각자에게 주어진 임무를 수행하는 곳이죠. 분위기를 좋게 만들어보겠다며 불필요한 말과 행동을 할 필요가 없습니다. 성적 농담이나 외모를 평가하는 말과 행동을 하지 않도록 미리 교육할 필요가 있습니다.

2차 피해도 마찬가지입니다. 2차 피해도 결국은 임무와 관계없는 이야기를 나누는 가운데 발생하고는 합니다. 말하는 이는 사소하다고 생각할 수 있지만 피해자는 커다란 상처를 받을 수 있습니다. 그리고 성범죄나 성희롱 사건을 알게 되었다고 하더라도, 다른 부대 구성원들과 이에 대한 이야기를 아예 나누지 않는다면 2차 피해는 원천적으로 발생하기 어렵습니다.

√ 성적인 농담을 하지 않는다면, 성희롱은 예방 가능
√ 성범죄에 대한 이야기를 나누지 않는다면, 2차 피해도 예방 가능

성범죄는 양성평등 계통에 신고하라

성범죄와 관계된 일은 지휘 계통이 아닌, 양성평등 계통에서 처리하는 것이 원칙입니다.[24] 피해자가 지휘관에게 직접 보고하는 경우, 피해자가 부담을 느낄 수 있기 때문입니다. 또한 자칫 지휘관이 사건에 부당하게 개입하는 일을 막는 효과도 있습니다. 지휘관 또한 이런 문제에 있어 전문성이 떨어질 수 있으므로, 지휘관이 느낄 부담을 줄여 주기도 합니다. 신고자가 지휘관에게 보고하지 않고 양성평등 계통에 먼저 보고하는 경우, 지휘관이 피해자에게 불이익을 주거나 질책할 수 없습니다.[25] 「부대관리훈령」에서 콕 집어 금지하고 있는 사항이기 때문입니다.

또한 모든 군인은, 본인이 피해를 당하지 않았더라도 전우가 성범죄 피해자임을 알게 되었다면, 이를 양성평등 계통에 반드시 신고해야 합니다.[26] 자기 일이 아니고 복잡한 일에 휘말리지 않고 싶다는 생각에, 다른 사람의 성범죄를 알고도 신고하지 않으면 징계 대상이 됩니다.[27] 군에서 벌어지는 성범죄의 심각성을 고려해 제3자의 신고 의무를 둔 것이죠.

신고는 각 부대에 있는 양성평등상담관, 성고충상담관에게

24 「부대관리훈령」 제249조 제1항
25 「부대관리훈령」 제249조 제2항
26 「군인의 지위 및 복무에 관한 기본법」 제43조 제1항, 「부대관리훈령」 제249조 제1항
27 「육군 규정 180 징계규정」 별표 2

접수하면 됩니다. 보통의 경우 양성평등 계통에서 접수하면, 각 부대 대대장급 이상 지휘관 및 주임원사에게만 접수 사실이 전파됩니다.[28] 사건을 처리하려면 어쩔 수 없이 부대를 관리하는 이 정도의 주요 직위자들은 내용을 알아야 하기 때문입니다. 그리고 지휘관과 주임원사는 2차 피해 방지를 위해 전파받은 성범죄 관련 사항을 절대 다른 부대원들에게 알려서는 안 됩니다.

지휘관은 피해자를 중심으로 조치할 것

많은 피해자는 자신의 피해 사실이 부대에 알려지는 2차 피해를 두려워합니다. 따라서 지휘관은 피해자에게 빠르게 연락해 신고 내용에 대한 비밀준수를 약속하는 것이 좋습니다. 이렇게 피해자를 안심시킨 후에는, 피해자를 보호하고 도움을 줄 수 있는 다양한 수단을 안내하면 좋습니다.

피해자는 조사를 받는 것부터 부담을 느낄 수 있습니다. 이때 지휘관은 피해자에게 동료, 성고충상담관, 친족, 배우자 등 믿을 수 있는 관계인과 조사에 참여할 수 있다는 점을 알려 줍니다.[29] 피해자는 법적인 도움을 받기 위해 변호사를 선임할 수 있고, 변호사 선임이 어렵다면 피해자의 희망에 따라 법무

---

28 「부대관리훈령」 제250조 제2항
29 「부대관리훈령」 제250조의3 제5항

계통으로 문의해 군법무관의 법률 상담을 중개해 줄 수도 있습니다. 모두 지휘관이 할 수 있는 일입니다.

피해자의 편안한 진술을 위하여, 같은 성별 조사관에게 조사받을 수 있다는 점도 알려 주면 좋습니다.[30] 그런데 실무적으로 군에 남성이 여성보다 훨씬 많다는 점을 고려해야 합니다. 성범죄 피해자가 남성인 경우, 남군 조사관에게 조사받는 것은 어렵지 않습니다. 반대로 성범죄 피해자가 여성인 경우 여군 조사관에게 조사받기는 어렵습니다. 여군 조사관의 수가 적기 때문입니다. 따라서 관할 부대 법무실에 여군 조사관이 없다면, 여군 조사관이 있는 가까운 부대나 상급 부대의 법무실에 협조를 요청해야 합니다. 시간이 걸리더라도 여군 조사관에게 조사받고 싶은지, 아니면 남군 조사관이더라도 신속하게 조사받고 싶은지, 피해자가 선택할 수 있게 알려주면 좋습니다.

✓ 지휘관은 피해자에게 도움되는 수단을 안내
✓ 피해자는 가족, 동료, 변호사와 함께 조사받을 수 있음
✓ 피해자는 같은 성별의 조사관에게 조사받을 수 있음

---

30 「부대관리훈령」 제250조의2 제3항 제4호, 제5호

지휘관은 가해자와 피해자를 분리

피해자와 가해자가 같은 공간에서 근무하게 될 경우가 있습니다. 지휘관은 가해자의 보직을 조정하거나 가해자를 전출시켜 피해자와 분리해야 합니다.[31] 성범죄 피해자가 신고를 꺼리는 이유 가운데는 '신고 후에도 가해자와 같은 공간에서 있을 텐데 어쩌지…'와 같은 것이 있습니다. 정말 성범죄가 있었는지 수사와 판결이 나지 않았더라도 지휘관은 즉시 분리 조치를 해야 합니다.

보직 조정이나 전출 조치는 징계절차의 진행이나 사실관계 확정과는 관계없이 지휘관의 재량으로 할 수 있습니다. 가능한 빠르게 분리 조치를 하는 것이 중요합니다. 분리 조치는 가해자를 전출시키는 것이 원칙이지만, 피해자가 분리를 원하지 않거나 피해자 본인이 전출을 희망하면 피해자의 뜻대로 합니다.

때에 따라서 혐의가 무겁다면 가해자의 보직 해임도 생각해볼 수 있습니다. 사실관계가 확정되지 않았더라도, 해당 보직을 수행하기 적합하지 않다고 판단되면 지휘관의 재량으로 보직을 해임할 수 있습니다.[32] 혐의사실에 연루된 것만으로도 해당 보직을 수행하기 적합하지 않을 수 있기 때문입니다. 지휘관이 결심한다면 인사 계통을 통해 보직해임심의위원회를

---

31 「부대관리훈령」 제250조의3 제1항
32 「군인사법」 제17조의2 제1항 제3호

열어 가해자를 보직 해임할 수 있습니다.

지휘관은 양성평등 계통과 상의

부대에서 성범죄가 발생했다면, 모든 조치는 주무 처리부서인 양성평등 계통에 문의한 후 진행하는 것이 좋습니다. 피해자와 연락하기 전에도 미리 양성평등 계통에 상담 요령이나 상담 내용에 관해 문의하는 것이 좋습니다. 지휘관이 피해자와 상담할 때, 성고충상담관과 함께 상담하는 것도 좋은 방법입니다.

피해자와 상담할 때 상담일지나 녹취록을 작성해 두면 좋습니다. 피해자가 원하는 것이 무엇인지 기록해 두면 이후에 절차가 진행될 때 피해자에게 도움을 줄 수 있습니다. 만약 지휘관이 전문가의 자문 없이 상담에 나섰을 경우, 선의로 시작했더라도 2차 피해를 일으킬 수 있습니다. 때문에 지휘관 입장에서는 사건을 처리할 때 신중해야 합니다. 제3자를 상담 자리에 동석시키는 것도 좋은 방법입니다. 피해자 입장에서도 녹취나 제3자라는 장치는, 2차 피해를 방지하는 데 도움이 될 수 있습니다.

상담일지나 녹취록은 사건을 처리하는 지휘관 및 주임원사, 양성평등 계통 외에는 절대 공개해서는 안 됩니다. 원칙적으로 녹취는, 대화가 이루어지고 있다면 대화 상대방의 동의 없이도 할 수 있습니다.[33] 그러나 성범죄는 피해자의 심리상태가 매우 불안정한 경우가 많기에, 피해자의 동의 없이 녹음하는 것은 좋지 않습니다. 피해자 보호와 원활한 사건 처리를 위해 녹음한다는 것을 미리 알려주고, 피해자가 동의한 다음 녹취하는 것이 바람직합니다.

사건 발생 직후 다른 부대원들이 가해자나 피해자의 전출이나 전입 등으로 성범죄 사건을 알아차리지 않도록 세심하게 조치해야 합니다. 부대원들이 2차 피해를 일으킬 수 있기 때문입니다. 성폭력 사건에 대해 언급하는 것만으로도 사실적시 명예훼손죄가 될 수 있으며 징계를 받을 수 있습니다.

강간, 유사강간죄가 발생했을 때는 빠르게 경찰에 연락

강간죄, 유사강간죄와 같은 강력 성범죄가 발생했다면, 즉시 가장 가까운 관할 경찰서에 방문해 신고해야 합니다. 원칙적으로는 성범죄의 경찰 신고는 피해자, 양성평등 계통의 상담관, 지휘관 등 누구도 할 수 있습니다. 피해자가 신고하면 고소가 되고, 피해자가 아닌 제3자가 하면 고발이 됩니다. 단 부대에서 발생한 성범죄라면 피해자의 의사를 묻고 조치하는 것이 좋습니다. 「부대관리훈령」에서 수사기관에 대한 신고는 피

---

33 「통신비밀보호법」 제3조 제1항

해자의 의사대로 하도록 규정하고 있기 때문입니다.[34]

　강력 성범죄자들은 대부분 범죄사실을 부인합니다. 따라서 경찰관과 검사는 수사로 증거를 확보해 범행사실을 입증해야 합니다. 피해자가 가해자의 처벌을 원한다면, 피해자가 가능한 범위에서 피해 사실을 증명할 수 있는 증거를 모아 경찰관과 검사에게 제출해 수사를 도울 필요가 있습니다. 경찰관과 검사가 피해자의 도움 없이 증거를 확보하기 어렵기 때문입니다.

　가장 강력한 증거는 목격자의 진술입니다. 피해자, 가해자가 아닌 제3자가 증인이 되어 목격한 것을 증언한다면 가장 강력한 증거가 될 것입니다. 그런데 강력 성범죄는 피해자와 가해자 둘만 있는 곳에서 일어나는 경우가 대부분입니다. 증인을 찾기가 어렵습니다.

　이렇게 증인을 찾기 어렵지만, 증거는 비교적 쉽게 찾을 수 있습니다. 피해자의 몸과 옷에 남아 있는 생체 증거입니다. 강력 성범죄는 반드시 피해자와 신체를 접촉하게 됩니다. 가해자의 머리카락, 손톱, 체액, 지문과 같은 생체 증거가 피해자의 몸과 옷에 남을 수밖에 없습니다. 따라서 피해자의 몸과 옷에서 가해자의 생체 증거를 채취하고, 이를 가해자의 생체 정보와 대조하면 아주 강력한 증거가 될 수 있습니다.

　하지만 많은 피해자들이 부끄럽다는 이유로, 또는 피해를 당한 다음 당황한 나머지 늦게 신고하기도 합니다. 문제는 시

---

34 「부대관리훈령」 제249조 제1항

간이 지날수록 피해자의 옷과 몸에 남아 있는 생체 증거가 사라진다는 점입니다. 샤워를 하거나 옷을 빨아버리면 머리카락, 손톱, 체액, 지문과 같은 생체 증거가 사라집니다. 또한 시간이 지날수록 기억도 흐려집니다. 목격자가 없다면 피해자의 진술도 범죄를 증명할 증거 중 하나입니다. 피해자의 진술은 정확하고 일관되어야 범죄사실을 밝혀내는 데 좋습니다. 하지만 성범죄 피해자는 심리적으로 불안정한 경우가 많은데, 시간까지 오래 지나면 피해자의 진술이 부정확해질 수 있습니다. 되도록 빨리 경찰서에 방문해 신고하고, 전문적인 수사가 진행될 수 있도록 해야 피해자가 보호받기도 쉬워집니다.

사건 초기에 충분한 수사가 이루어지지 않더라도 나중에 좋은 변호사를 선임하면 괜찮을 것이라고 생각하는 경우도 있습니다. 그러나 변호사는 법적인 도움을 주는 사람이지, 증거를 모으고 수사하는 사람이 아닙니다. 변호사가 제 역할을 하려고 해도 초기 수사가 충분해야 합니다. 우선 경찰서에 방문해 신고하고, 생체 증거를 제출한 다음 변호사 선임을 고민해도 늦지 않습니다. 변호사가 없어도 신고하는 데 문제가 없습니다.

피해자가 법률적인 도움을 받기 위한 변호사 비용에 부담을 느끼는 경우도 있습니다. 이런 피해자들을 돕고자 성폭력 피해자 국선변호사 제도도 생겼습니다. 성범죄를 당한 피해자는 검사에게 국선변호사 지정을 요청할 수 있습니다.[35]

---

[35] 「성폭력범죄의 처벌 등에 관한 특례법」 제27조 제6항

다만 형사절차, 즉 경찰에 신고하여 수사가 시작되어야 국선변호사 지정을 요청할 수 있습니다. 검찰청에서 민간 변호사를 연결해줘야 하는 일이라서, 가까운 민간 변호사가 없다면 변호사를 지정받는 데만 몇 달 이상 걸리기도 합니다.

당장 법적 도움이 급하다면, 관할 부대의 법무실을 찾아가는 것도 좋습니다.[36] 사단급 이상 부대의 법무실에서 근무하는 법무 장교들은 모두 변호사 자격증을 가진 법조인들입니다. 지휘관은 피해자에게 이와 같은 법적 도움을 받을 수 있는 방법을 안내하고, 법무 계통을 통해 법률 상담을 연결하는 것이 좋습니다.

> - √ 피해자가 아니더라도 즉시 양성평등 계통에 성범죄를 신고할 수 있다.
> - √ 강력 성범죄는 시간이 생명! 피해 즉시 경찰에 신고
> - √ 법적 도움이 필요하다면 부대 법무실을 적극적으로 활용

피해자의 마음을 제쳐두고 합의해선 안 된다

성범죄로 가해자가 형사 입건되면, 가해자가 피해자에게 합의를 시도하는 경우가 있습니다. 가해자가 구속되었거나, 실형을 받게 될 것이라 판단하면 피해자에게 합의해달라고 매

---

[36] 「부대관리훈령」 제249조의2 제3항

달리는 경우가 흔합니다. 법원이나 검찰은 가해자가 피해자와 합의하였는지를 중요한 요소로 고려하기 때문입니다.

'합의'의 법적 정식 명칭은 '피해자의 처벌불원의사'입니다. 법원이나 검찰은, 피해자가 가해자의 처벌을 원하는지 원하지 않는지를 궁금해 합니다. 형사소송은 가해자를 처벌하는 데 중점을 둔 소송이기 때문입니다. 그래서 법원과 검찰은 합의금의 액수보다 합의 자체를 했는지 하지 않았는지를 중요하게 따집니다.

결론부터 말하자면 합의는 '피해자의 마음대로' 하면 됩니다. 용서해주고 싶다면 합의를 해 주고, 절대 용서할 수 없으며 엄벌을 원한다면 합의해 주지 않아도 됩니다. 만약 피해에 대한 배상을 빨리 그리고 안정적으로 받겠다면 합의금을 받는 조건으로 합의해 주어도 괜찮습니다.

합의는 합의금을 받는 조건으로 이루어지는 경우가 많습니다. 피해자 입장에서는 형사소송으로 가해자가 처벌받는 것도 중요하지만, 가해자에게 입은 피해를 배상받는 것도 중요합니다. 그리고 배상을 받으려면 피해자는 가해자를 상대로 별도의 민사소송을 걸어야 합니다. 문제는 민사소송을 하려면 시간과 비용이 많이 들어간다는 점이죠. 피해를 당한 것도 억울한데 시간과 비용을 들여 소송까지 해야 하는 상황입니다.

그래서 대부분의 경우 가해자가 합의금이라는 이름으로 피해에 대한 배상금을 피해자에게 지급합니다. 피해자는 피해에 따른 배상에 관하여 민사소송을 걸지 않거나 이미 진행 중일 경우 취하하기로 약속하고, 가해자의 처벌을 원하지 않는다는 취지의 진술서(실무에서는 '합의서'라고 부르기도 함)를 작성합니다. 이렇게 하면 수사기관이나 법원은 예외적인 경우를 제외하고는, 피해자를 웬만해서는 더 부르지 않습니다. 즉 더 이상 사건에 대하여 수사기관에 불려 다니지 않을 수 있고, 번거롭게 민사소송을 할 필요도 없어집니다. 그리고 가해자는 약하게 처벌받을 가능성이 생깁니다.

합의의 과정을 살펴보면 마치 거래처럼 보입니다. 피해자에게 돈을 주고 가해자는 자신의 처벌을 줄이는 구조니까요. 이런 이유로 합의가 사법 정의를 해친다는 비판도 있습니다. 그럼에도 피해자가 편리하고 빠르게 배상을 받는 방법이라는, 현실적인 측면도 무시할 수 없습니다. 따라서 합의는 조심스럽고 신중하게 결정해야 합니다.

합의는 거래와 비슷하다

실제 형사 합의는 시장에서 하는 흥정처럼 진행됩니다. 가해자가 합의를 요청해온다는 것은, 가해자가 구속되어 있거나 형사처벌이 확실해졌다는 뜻입니다. 가해자는 구속에서 풀려나거나 처벌을 줄이기 위해 변호인을 선임하는 경우가 많고, 변호인의 조언에 따라 피해자에게 합의를 요청했을 가능성이 높습니다. 물론 가해자가 선임한 변호인들은 형사 사건을 많이 다루어본 흥정의 고수들입니다. 피해자 입장에서는 가해자 측으로부터 '합의를 요청한다'는 전화를 받고 어떻게 해야 할지 고민하게 됩니다. 이럴 때 도움이 될 수 있는 몇 가지 협상의 기술을 알려드리겠습니다.

우선 금액을 높게 제시하는 것이 좋습니다. 형사 처벌은 가벼운 일이 아닙니다. 평생에 한 번도 구속될 일이 없는 보통 사람들에게 '갇혀 있다'는 느낌이 크게 와닿지 않을 수 있습니다. 징역형을 받게 되면 교도소나 구치소, 즉 감옥에 갑니다. 감옥의 시설이 아무리 좋아졌다 한들, 감옥은 5평 남짓의 공간에서 여러 명이 함께 갇혀 사는 곳입니다. 그 흔한 세면대가 없는 곳도 많고, 화장실과 침실이 제대로 구분되지 않는 곳도 많습니다. 감옥에 간다는 것은 매우 고통스러운 일입니다. 운 좋게 실형을 피하고 집행유예를 받는다 하더라도, 간부 기준 집행유예 이상의 형사처벌은 당연제적 사유입니다.[37] 불명예 전역을 피할 수 없습니다.

벌금형만 받아도 감옥에 갈 수 있습니다. 벌금은 한 번에 납부하는 것이 원칙입니다. 군검찰과 같이 벌금의 분납을 받아주는 곳도 있지만, 분납을 받아주지 않는 곳이 훨씬 많습니다. 납입 기한까지 납입하지 못하면 꼼짝없이 감옥에서 벌금을 갚는 노역을 하게 됩니다. 이를 노역장 유치라고 부릅니다.

가해자는 일단 구속되어 있기만 해도 마음이 급합니다. 구

---

[37] 「군인사법」 제40조 제1항 제4호, 제10조 제2항

속이 되어보면 '감옥에 갇힌다'는 것이 얼마나 심각한 일인지 미루어 짐작할 수 있습니다. 징역형의 진짜 의미(?)를 깨닫게 되는 것이죠. 합의할 뜻이 전혀 없던 가해자들도 며칠만 구속되어 있으면 서둘러 합의를 하자고 요청하고는 합니다.

가해자의 급한 마음은 합의에서 피해자에게 유리하게 작용할 수 있습니다. 간혹 합의금을 지나치게 많이 요구했다가 가해자가 돈이 없어서 한 푼도 받지 못하는 것은 아닌지 걱정하는 피해자들이 있습니다. 하지만 징역형을 받을 가능성이 있는 가해자들은 어떤 식으로든 합의금을 마련해 오는 경우가 많습니다. 징역은 그 정도로 무거운 형벌입니다.

만약 합의금을 충분히 받아야겠다면, '합의가 되지 않아 돈을 한 푼도 못 받아도 좋다'는 마음으로 액수를 제시하세요. 어차피 합의 과정에서 합의금이 일정 부분 깎이기 때문입니다. 그래서 원하는 금액보다 높게 제시하는 것도 방법입니다.

합의는 변호사의 도움을 받아서

가해자들은 대부분 변호사를 선임하고 있기에, 합의는 가해자가 선임한 변호사를 통해서 하는 것이 좋습니다. 가끔 가해자가 직접 합의하겠다며 연락해 오는 경우가 있습니다. 피해자가 가해자와 직접 소통하는 것은 피해자에게 큰 스트레스인 경우가 많습니다. 피해자가 스트레스를 받는 상황에서 피해자를 위한 합의가 나오기 어렵습니다. 따라서 피해자도 변호사와 같은 대리인을 통해 합의 과정을 진행하는 것이 좋습니다. 한편 피해자가 동의하지 않았는데 가해자가 피해자에게 직접 연락해 온다면, 연락을 했다는 사실만으로 가해자는 재판에서 불리해질 수 있습니다.

합의금 조정은 몇 차례에 걸쳐 진행됩니다. 액수에 대한 합의가 끝나면, 보통 가해자 측에서 합의서를 준비해 옵니다. 합의서에는 '피해자가 가해자의 처벌을 원하지 않으며, 가해자에게 민·형사상 책임을 묻지 않겠다'는 문구가 적혀 있을 것입니다. 가끔 가해자 측에서 '피해자가 가해자의 최대한 선처를 바란다'든지, '피해자는 가해자를 용서했다'는 문구를 넣는 경우가 있습니다. 하지만 합의서는 '처벌을 원하지 않는다'와 '민·형사상 책임을 묻지 않겠다'는 두 문장이면 충분합니다. 이보다 많은 문구가 있다면 가해자에게 수정을 요청하는 것이 좋습니다.

합의금을 받기 전에 합의서에 서명하지 마라

합의서에 피해자의 도장을 찍거나, 피해자가 서명하면 합의 과정이 끝납니다. 따라서 피해자는 합의금 전액을 받지 않았다면 합의서에 도장을 찍어 주거나 서명해 주면 안 됩니다. 가해자 측에서 구속영장심사 전까지 내야 하니 급하다며 날인

(도장)이나 서명을 먼저 요구하는 경우가 있습니다. 하지만 합의서는 법원 판결 선고 전까지만 내면 됩니다. 이는 가해자 본인이 구속될까 두려워 빨리 달라고 요청하는 것이니, 피해자 입장에서는 작성해 줄 이유가 없습니다.

다시 한 번 강조하겠습니다. 법원과 검찰은 합의금액이 얼마인지는 그리 중요하게 고려하지 않습니다. 합의서가 제출되면 법원과 검찰은 실제 합의금이 얼마인지, 합의금이 실제 지급되었는지는 따지지 않고 곧바로 가해자의 처벌 수위(양형)에 반영합니다. 양형이 깎인 가해자는 이미 목적을 이뤘기 때문에, 합의금의 지급을 미룰 수 있습니다. 합의서에 민·형사상 책임을 묻지 않기로 했다는 문구가 들어 있어, 합의서 작성 이후에는 가해자를 상대로 민사소송을 제기하기 어렵습니다. 따라서 합의금 전액이 입금되기 전까지는 합의서에 절대 날인하거나 서명하면 안 됩니다.

> ✓ 합의금 전액을 실제로 받기 전에 합의서에 도장을 찍거나 서명하지 말 것
> ✓ 합의는 피해자의 의사대로 할 것
> ✓ 합의금을 충분히 많이 요구해도 됨

합의는 피해자를 위해서 하는 것

　가장 중요한 것은 피해자의 마음입니다. 아무리 합의금을 많이 받았다고 해도, 피해를 당한 사실이 사라지지 않습니다. 게다가 합의를 하는 과정은 시간이 걸리고, 복잡하며, 그리 유쾌하지 않은 시간입니다. 실제 합의 과정에서 피해자들은 큰 스트레스를 받는 경우가 많습니다. 합의 과정에서 피해자가 스트레스를 너무 많이 받는다면, 합의를 멈춰도 괜찮습니다. 마음의 상처는 돈으로도 치유할 수 없습니다. 성범죄는 피해자에게 치명적인 상처를 남깁니다. 단순한 폭행하고는 다르죠. 그렇기에 우리 법은 성범죄를 중한 범죄로 분류합니다.

　부대에서 성범죄가 일어났을 때 피해자는 관할 부대 법무실을 충분히 이용하면 좋습니다. 법무실의 법무 장교들은 모두 변호사 자격증을 가지고 있는 법조인입니다. 멀리 있는 민간 변호사보다 가까이 있는 이들이 실질적 도움을 줄 수도 있습니다.

　군이 법무실을 두면서 법무 계통을 따로 운영하는 데 대해서 입장이 나뉩니다. 부정적인 쪽에서는, 군이 별도로 법무 계통을 운영하는 일을 두고 폐쇄적이라고 비판하기도 합니다. 하지만 뒤집어 생각하면 적어도 군을 이루고 있는 구성원들에게는 그만큼 법이 가까이 있다는 뜻이기도 합니다. 군 사법개혁으로 법무 계통의 독립성도 큰 폭으로 보장되었습니다. 여전히 미흡한 부분이 있지만, 군은 성범죄 피해자 보호를 위한 여러 가지 제도를 갖추고 있습니다.

성범죄 피해를 입은 군 구성원들은 군 법무실을 적극적으로 활용하기를 바랍니다. 물론 피해자들이 먼저 믿고 상담할 수 있도록, 법무 장교들도 양심적으로 최선을 다해 법률적인 도움을 주는 데 노력을 아끼지 않고, 성실하게 법적 도움을 주어야 할 것입니다.

당신의 잘못은 아니지만
고통이 사라지는 것은 아니다

음주운전자에게 교통사고를 당했다고 생각해봅시다. 이 교통사고는 나의 잘못이 아닙니다. 가해자가 음주운전을 했기 때문에 생긴 일입니다. 교통사고를 일으킨 음주운전자가 처벌받고, 그에게 손해배상을 청구하는 것은 당연합니다. 하지만 교통사고를 당하면 당장 피해가 너무 큽니다. 그러니 사고가 나지 않는 게 제일 좋습니다. 음주운전자를 처벌하는 것, 음주운전자가 충분히 배상하는 것도 중요하지만, 더 중요한 것은 음주운전도 교통사고도 일어나지 않게 하는 것입니다. 예방이 중요합니다.

성범죄는 두 사람 사이에서 벌어지는 경우가 많고, 사랑과 같은 감정이 섞여 있을 수도 있습니다. 성에 대한 사회적인 통념이 바뀌어 가는 점도 따져 봐야 합니다. 이런 이유로 성범죄는 중한 범죄임에도 어렵고, 복잡하고, 애매한 측면이 있습니다. 하지만 확실한 것도 있습니다. 성범죄는 분명 가해자의 잘못이며, 피해자의 잘못이 아니라는 점입니다.

가해자는 처벌받고 피해도 배상해야 합니다. 하지만 피해로 인한 상처가 모두 사라지는 것은 아닙니다. 그러니 성범죄가 일어나지 않게 예방하는 것이 중요합니다. 성범죄는 언제 어디서든, 음주운전자가 일으키는 교통사고처럼 일어날 수 있습니다. 언제 어디서든 성범죄가 일어날 수 있기에 긴장을 늦추지 말고, 예방을 위한 교육은 물론 부대의 운영도 이에 맞춰 설계할 필요가 있습니다.

부록

부대관리훈령 제242조(정의) 이 장에서 사용하는 용어의 뜻은 다음 각 호와 같다.

1. "성희롱"이란 「양성평등기본법」제3조제2호에 따라 업무, 고용, 그 밖의 관계에서 상급자, 동료, 하급자 등이 상대방에게 다음 각 목의 어느 하나에 해당하는 행위를 하는 경우를 말한다.
   가. 지위를 이용하거나 업무 등과 관련하여 성적 언동 또는 성적 요구 등으로 상대방에게 성적 굴욕감이나 혐오감을 느끼게 하는 행위
   나. 상대방이 성적 언동 또는 요구에 불응을 이유로 복무·근무평가·근무조건, 사기·복지 등에서 불이익을 주거나 그에 따르는 것을 조건으로 이익 공여의 의사표시를 하는 행위
2. "성폭력"이란 「성폭력 범죄의 처벌 등에 관한 특례법」제2조 및 「군형법」제92조부터 제92조의8에 따라 범죄로 인정되는 행위를 말한다.
3. "2차 피해"란 피해자, 신고자, 조력자, 대리인이 고충의 상담, 조사 신청, 협력 등을 이유로 다음 가 목의 어느 하나에 해당하는 피해를 입는 것을 말한다.
   가. 수사·재판·보호·진료·언론보도 등 성희롱 성폭력 사건처리 및 회복의 전 과정에서 입는 정신적·신체적·경제적 피해
   나. 집단 따돌림, 폭행 또는 폭언, 그 밖에 정신적·신체적 손상을 가져오는 행위로 인한 피해(정보통신망을 이용한 행위로 인한 피해를 포함한다)
   다. 성희롱·성폭력 피해 신고 등을 이유로 입은 다음 어느 하나에 해당하는 불이익조치

1) 파면, 해임, 강등, 정직 등 중징계나 그 밖에 신분 상실에 해당하는 신분상의 불이익 조치
2) 감봉, 근신, 견책 등 경징계나 그 밖에 부당한 인사조치
3) 전출, 보직이동, 직무 미부여, 직무 재배치, 그 밖에 본인의 의사에 반하는 인사조치
4) 성과평가 또는 동료평가 등에서의 정당한 사유 없는 차별과 그에 따른 보수, 봉급, 수당 등의 차별지급
5) 교육 또는 훈련 등 자기계발 기회의 취소, 예산 또는 인력 등 가용자원의 제한 또는 제거, 보안정보 또는 비밀정보 사용의 정지 또는 취급 자격의 취소, 그 밖에 근무 조건 등에 부정적 영향을 미치는 차별 또는 조치
6) 주의 대상자 명단 작성 또는 그 명단의 공개, 의도적인 집단 따돌림, 폭행 또는 폭언, 그 밖에 정신적·신체적 손상을 가져오는 행위
7) 직무에 대한 부당한 감사 또는 조사나 그 결과의 공개
8) 물품계약 또는 용역계약의 해지, 그 밖의 경제적 불이익을 주는 행위

4. "양성평등"이란 성별에 따른 차별, 비하 및 폭력 없이 인권을 동등하게 보장받고, 모든 영역에 동등하게 참여하고 대우받는 것을 말한다.
5. "양성평등계선"이란 국방부 성폭력예방대응담당관실, 각 군 본부 및 해병대사령부 성고충예방대응센터, 성고충전문상담관 및 각 부대별 양성평등담당관 등을 말한다.

IV

무고

무고죄 성립 기준: 거짓말

제가 법과 관련된 일을 하는 사람이지만, 사실 살아가면서 법과 관계된 일은 없는 것이 좋습니다. 경찰, 검찰, 법원, 아니면 변호사를 만난다는 것은 내가 죄를 저질렀거나, 반대로 큰 손해나 피해를 입었다는 뜻입니다. 군 복무 중에도 마찬가지입니다. 법무 계통에 방문할 일이 없는 것이 좋겠죠.

그러나 죄를 저지르지도, 큰 손해나 피해를 입지 않아도 법과 관계된 기관이나 부서에 가야 하는 경우가 있습니다. 바로 참고인 조사입니다. 참고인은 사건 당사자는 아니지만 사건을 알고 있는 제3자로 수사 기관에서 진술을 하는 사람입니다. 그런데 피해자도 가해자도 아닌 제3자 신분으로 참고인조사만 받아도 무척 스트레스를 받거나 부담을 느끼는 경우가 적지 않습니다. 참고인은 제3자이기 때문에 진술할 의무가 없습니다. 그런데도 무척 부담스러워 합니다.

감찰 계통에서는 단순 사실 관계를 확인하려고 '마음의 편지'나 '부대진단 설문'을 작성하도록 요청해 오는데, 이마저도 부담스러워 하는 모습을 보았습니다. 혹시라도 잘못 말했다가 책임을 져야 하는 것은 아닌지 걱정합니다. 심지어 참고인이 아니라 피해자가 이런 이유로 신고를 꺼리기도 합니다. 피해 사실을 제대로 증명하지 못하면 무고죄로 처벌받을까 두려워 하는 것입니다.

그러나 말을 한 번 잘못했다고 해서 모두 책임을 지는 것은 아닙니다. 수사 기관에서 진술을 요청했을 때에 거짓말만 하지 않으면 전혀 문제가 되지 않습니다. 대신 거짓말을 했다면 무겁게 처벌받습니다. 무고죄는 아래 3가지가 모두 갖춰져야 성립합니다.

- √ 다른 사람을 처벌받게 할 목적으로
- √ 경찰, 검찰과 같은 수사 기관 또는 감찰, 법무 계통 등 징계 기관에
- √ 거짓말로 진술

무고죄로 처벌받는 거짓말의 기준

거짓말을 하는 것은 나쁘지만, 그렇다고 거짓말을 했다는 사실만으로 무조건 처벌받는 것은 아닙니다. '다른 사람을 처벌받게 할 목적'이 있어야 합니다. 다른 사람을 처벌받게 하려면 경찰, 검찰과 같은 수사 기관에 가서 거짓말을 해야 합니다. 군인이라면 감찰이나 법무 계통처럼 군 안에 있는 징계 기관에서 누군가를 처벌받게 하려고 거짓말을 해야 합니다.

법에서 말하는 거짓말의 기준은 무엇일까요? 진술한 내용 그 자체가 진실인지 거짓인지가 기준이 아닙니다. 거짓말의 기준은 '말하는 사람의 기억'입니다. 즉 자신의 기억에 비추어 거짓을 말했다면, 진실 여부와 관계없이 법적으로 거짓말을 한 것입니다. 진술을 꺼리게 되는 가장 큰 이유는 '내가 한 말이 혹여라도 나중에 사실이 아닌 것으로 드러나면 어떡하지?'일 것입니다. 기억나는 대로 사실대로 말한 것이라면, 나중에 사실이 아니라고 밝혀져도 문제가 없습니다. '사실이 아닌 것으로 밝혀졌지만, 그땐 정말 사실인 줄 알았다'는 사정이 밝혀지기만 한다면, 거짓말로 보지 않습니다.

그러나 기억나는 대로 말하지 않은 사실이 드러나면 무고죄로 무거운 처벌을 받습니다. 실형을 받는 경우도 있습니다. 모욕죄, 명예훼손죄와 무고죄의 형량을 비교해 보면 무고죄가 얼마나 무거운 범죄인지 알 수 있습니다. 단순 모욕죄는 1년 이하의 징역 또는 200만 원 이하의 벌금입니다. 사실을 퍼뜨려 상대방의 명예를 훼손하면 2년 이하의 징역 또는 500만 원 이하의 벌금, 거짓말을 퍼뜨려 상대방의 명예를 훼손해도 5년 이하의 징역 또는 1천만 원 이하의 벌금, 10년 이하의 자격정지입니다. 반면 무고죄는 10년 이하의 징역, 1천 500만 원 이하의 벌금에 처해집니다. 모욕죄, 명예훼손죄에 비해 실형이 선고될 확률도 높습니다.

    일반적인 모욕죄나 명예훼손죄는 피해자가 처벌을 원하지 않거나, 공익적 목적이 인정되면 처벌을 하지 않기도 합니다. 그런데 무고죄는 피해자가 처벌을 원하지 않아도 처벌합니다. 범죄를 조사한 수사 기관이 피해를 입었기 때문입니다. 거짓말 때문에 하지 않아도 될 수사를 했으니, 수사 기관의 행정력을 낭비한 셈입니다. 그 시간에 다른 범죄를 수사했다면, 다른 피해자들이 조금 더 빨리 억울함을 풀고 가해자가 조금 더 빨리 제대로 처벌을 받았을 것입니다. 한편 수사 기관이 거짓말에 속았다면 국민들이 수사 기관을 믿지 못하게 되는 경우도 생깁니다. 즉 무고는 수사 기관에 큰 피해를 끼치기에, 처벌두 엄하게 내려집니다.

✓ 법에서는 '기억나는 대로' 말하지 않으면 거짓말로 본다.
✓ 무고죄의 형량은 모욕죄나 명예훼손죄보다 훨씬 무겁다.
✓ 무고죄는 피해자가 처벌을 원하지 않아도 처벌한다.

기억나는 대로만, 솔직하게 말하면 괜찮다

무고죄를 저지르지 않는 방법은 간단합니다. 기억나는 사실만 이야기하면 됩니다. 만약 오래전 일이라 기억이 뚜렷하지 않다면 '오래전 일이라 정확하게 기억나지 않지만, 기억나는 대로 말하자면'이라고 밝혀 줍니다. 그러면 수사 기관이 알아서 다른 단서들을 찾기 위해 추가 수사를 합니다. 잘 모르는 것을 아는 것처럼 말하면 안 됩니다.

그런데 실제 조사를 해보면 거짓말을 하는 사람들이 많습니다. 완벽하게 거짓말을 하기란 대단히 어렵습니다. 상상력, 창의력에 꼼꼼함을 갖추어도 없던 일을 있었던 것처럼 100% 꾸며 내기는 쉽지 않습니다. 불가능에 가까운 일입니다. 전문적으로 거짓말을 하는 사기꾼들도 그 정도로 거짓말을 잘 하지 못합니다. 대부분의 경우 80% 정도의 진실에, 20% 정도의 거짓을 덧붙여 그럴싸하게 만드는 수준입니다.

수사 기관에서 일하는 수사관들은 오랫동안 매일 수사를 해 온 사람들입니다. 반면 평범한 사람들, 그리고 군 복무를 하는 평범한 장병이 법적인 진술을 몇 번이나 해봤을까요? 군 복무 기간이 아니라 평생을 통틀어 한 번도 경험하기 어렵습니다. 그래서 거짓말을 섞어 넣으려고 해도, 매일 수사를 해온 수사관들은 금방 알아차립니다. 거짓말을 하는 패턴을 알아차리고, 여러 수사 기법을 쓰면 거짓말을 금세 잡아낼 수 있습니다. 가끔 뉴스를 보면 거짓말을 잡아내지 못해 잘못된 결과가 뒤

집히기도 합니다. 하지만 매우 드문 일이기 때문에 뉴스로 보도하는 것입니다. 수사 기관의 수사관들이 거짓말을 놓치는 경우는 흔하지 않습니다.

수사 기관에서 진술을 요청해 왔을 때, 거짓말만 하지 않는다면 괜찮습니다. 다른 억울한 사람들을 위해서라도, 본인을 위해서라도, 진술할 일이 있다면 기억나는 대로 솔직하게 말하면 됩니다.

V

음주운전

강화된 음주운전 처벌

음주운전 뉴스를 보면 '혈중 알코올 농도'라는 말을 자주 듣습니다. 2019년부터 음주운전의 기준이 혈중 알코올 농도 0.05%에서 0.03%로 강화되었습니다.[1] 이에 따른 처벌 수준을 살펴볼까요?

음주운전을 저지른 후 10년 내 다시 음주운전을 저지르거나, 음주 측정을 거부한 경우에는 여기에 더해 가중처벌됩니다.[2] 원래는 세 번째 음주운전부터 가중처벌했지만(음주운전 3진 아웃 제도), 법 개정으로 이제는 두 번째 음주운전도 가중처벌

1 「도로교통법」 제44조 제1항, 제4항
2 「도로교통법」 제148조의2 제1항

혈중 알코올 농도 (단위 %)	처벌
0.03~0.08	면허 정지, 1년 이하 징역 또는 500만 원 이하 벌금 감봉-정직 징계
0.08~0.2	면허 취소, 1년~2년 징역 또는 500만~1천만 원 벌금 정직-강등 징계
0.2 이상	면허 취소, 2년~5년 징역 또는 1천만~2천만 원[3] 정직-강등 징계
음주측정 거부	면허 취소, 1년~5년 징역 또는 500만~2천만 원[4] 정직-강등 징계

(2진 아웃 제도)하는 것으로 바뀌었습니다.

만약 음주운전으로 사람을 죽거나 다치게 하는 인사사고까지 낸다면, 별도로 위험운전치사상죄[5]까지 성립합니다. 이렇게 되면 2개의 죄가 함께 적용되어 가중처벌을 받습니다. 군인 신분으로 집행유예 이상의 형사판결을 받으면 제적됩니다.[6] 따라서 확정판결을 받는 즉시 군인의 신분을 잃게 됩니다.

형사절차와 징계절차는 별개입니다. 군인 신분으로 음주운전을 한 번이라도 저지르면 사단 법무부에서도 별도로 중징계를 내립니다. 정직부터는 중징계이고, 중징계는 한 번만 받아도 현역복무부적합심의 대상입니다. 한 번이라도 음주운전을 하면 중징계로 현역복무부적합심의 대상이 되고, 불명예 전역

---

3 「도로교통법」제148조의2 제3항
4 「도로교통법」제148조의2 제2항
5 「특정범죄 가중처벌 등에 관한 법률」제5조의11 제1항
6 「군인사법」제40조 제1항 제4호, 제10조 제2항

으로 이어질 수 있습니다.

무엇보다 음주운전은 자신은 물론 다른 사람의 생명을 위협합니다. 무거운 형사처벌을 받고, 중징계를 받는 게 문제가 아닙니다. 술을 한 잔이라도 마셨다면, 절대로 운전을 해서는 안 됩니다.

> √ 운전면허 취소 처분을 받으면 최소 정직 처분
> √ 정직 처분자는 현역복무부적합심의 대상

'주차만 하지'라고 생각하지 마라

음주운전은 중범죄입니다. 그럼에도 '이 정도는 괜찮겠지' 하는 생각으로 음주운전을 저지르기도 합니다. 대표적으로 주차가 그렇습니다. '차만 주차장에 살짝 넣는 건데 괜찮겠지' 하는 마음으로 운전대를 잡는 경우가 종종 있지만, 술을 마시고 주차만 해도 명백히 음주운전입니다.

우리 일상 속 생각과 법의 생각 사이에는 다른 부분이 있습니다. 운전에 대해서도 법원이 보는 나름의 기준이 있습니다. 아래 세 가지 기준을 모두 충족하면 운전입니다.[7]

- ✓ 차량에 시동을 걸고
- ✓ 중립 기어를 풀고 전진 기어나 후진 기어를 넣고
- ✓ 차량이 조금이라도 움직였는지

주차할 때를 생각해 봅시다. 차량에 시동을 걸고, 기어를 넣고 약 몇 미터를 움직여 주차장에 차량을 세웁니다. 법원은 이 정도도 운전이라고 봅니다. 따라서 술을 마시고 주차를 했다면 법적으로 음주운전입니다. 군 징계위원회에서도 종종 주차 중 음주운전 사건을 다룰 때가 있습니다. 차량이 움직인 거리가 5m 내외로 짧거나, 면허정지가 내려지는 수치인 혈중 알코올 농도 0.03%를 약간 넘겨, 정직보다 낮은 감봉으로 처리하는 경우도 있습니다. 그러나 음주운전을 하면 기본 징계가 정직이므로, 감봉 처리는 극히 드뭅니다.

이 정의에 따르면 시동을 걸었다가 껐다면 운전이 아닙니다. 자동차에서 에어컨이나 히터를 틀어 놓고 잠을 자려고 시동을 걸었다면 운전은 아닙니다. 그러나 술을 마시고 운전석에 앉으면 어떤 일이 일어날지 장담할 수 없습니다. 술을 마셨다면 아예 운전석에 앉지 말아야 합니다. 물론 절대로 주차도 안 됩니다.

7   대법원 1999. 11. 12. 선고 98다30834 판결

> ✓ 차량에 시동만 걸면 음주운전은 아님
> ✓ 그러나 술을 마시면 자기 통제가 어려움
> ✓ 술을 마셨다면 운전석에 무조건 접근 금지

'전날 마셨으니까'라고 생각하지 마라

전날 술을 마시고 다음날 아침에 운전하는 일도 조심해야 합니다. 술이 다 깬 것 같아도, 혈중 알코올 농도가 유지되어 음주운전이 될 수 있습니다. 우리 몸이 알코올을 완전히 분해하는 데 얼마나 걸릴까요? 알코올 분해 능력은 사람에 따라 다를 겁니다. 그럼에도 대략 평균적으로 계산해 본다면, 건장한 20대 남성이 소주 한 병에 들어 있는 알코올을 완전히 분해하려면 약 4시간, 맥주 500cc 한 잔에 들어 있는 알코올을 완전히 분해하려면 약 2시간 정도 걸립니다.

알코올 분해는 보통 젊을수록 빠르고, 여성보다는 남성이 빠릅니다. 즉 보통의 20대 남성은 알코올을 가장 빨리 분해하는 사람들입니다. 그런데도 소주 한 병은 약 4시간, 맥주 500cc 한 잔은 약 2시간이나 걸립니다. 무엇보다 중요한 점은 이 값은 어디까지나 평균일 뿐, 사람에 따라 분해 시간이 다를 수 있다는 점입니다. 같은 20대 남성이더라도 이보다 더 오래 걸릴 수 있습니다.

만약 자정을 넘겨서까지 술을 마셨다고 해 봅시다. 이미 1인당 소주 두 병은 마셨을 겁니다. 따라서 7~8시간은 지나야 알코올이 모두 분해됩니다. 전날 술을 과하게 마시고 다음 날 오전 8시 30분까지 출근하려고 운전대를 잡는다면? 숙취 상태, 즉 우리 몸에서 알코올을 완전히 분해하지 못했을 가능성이 높습니다. 음주운전이 되는 것입니다. 전날 술을 마셨다면 운전을 하지 않는 것이 좋습니다.

음주운전 차량에 타지 말 것

군부대가 있는 곳에는 대중교통이 발달하지 않은 경우가 많습니다. 게다가 술은 대부분 늦은 시각에 마십니다. 택시도 잘 잡히지 않을 겁니다. 이럴 때 가장 술을 덜 마신 사람이 운전하는 차에 타기도 합니다. 단순히 타기만 했는데도 처벌을 받을까요? 운전자가 술을 마신 사실을 알고 탔다면 타기만 해도 음주운전방조죄로 처벌받습니다.

「형법」 제32조 (종범)
① 타인의 범죄를 방조한 자는 종범으로 처벌한다.
② 종범의 형은 정범의 형보다 감경한다.

법적으로 '방조'는 '도움을 준다'는 뜻입니다. 도둑이 물건을 훔칠 수 있게 망을 봐주는 식이죠. 이렇게 범죄를 주도하는 '주범'을 도우면 '종범'이 됩니다. 종범은 주범보다는 덜한 처벌을 받습니다. 그런데 단순히 차에 타기만 해도 음주운전에 도움을 주었다고 볼 수 있는 것일까요?

법원은 그렇다고 봅니다. 우리「형법」은 누군가 음주운전을 하려 한다면 적극적으로 말리고, 말려도 말을 듣지 않는다면 적어도 그 차에 타지 않아야 할 의무가 있다고 봅니다. 음주운전을 구체적으로 말려야 할 의무(작위 의무)가 있는데, 그 일을 하지 않음으로써 음주운전을 하게끔 도왔다(부작위에 의한 방조)는 것이죠.

음주운전인 사실을 알고 탔다면 보통 1년 6개월 이하의 징역 또는 500만 원 이하의 벌금이 내려집니다. 단순히 음주운전자인 것을 알고 타는 것을 넘어, 음주운전을 적극적으로 부추기기까지 했다면 어떨까요? 술을 마신 사람에게 차 키를 넘겨준다거나, 자신이 내비게이션을 보겠다며 음주운전을 적극적으로 권유했다면? 똑같은 음주운전방조죄지만, 아무것도 하지 않고 그저 음주운전 차량에 타기만 했을 때보다 무겁게 처벌합니다. 보통 3년 이하의 징역 또는 1천만 원 이하의 벌금 처분을 받습니다.

음주운전 차량에 탔다가 사고가 나서 다쳤다면 어떻게 될까요? 사고로 피해가 발생해도, 피해액 전부를 배상받을 수 없습니다. 법원은 음주운전 차량에 알고 탔다는 사실만으로도 차에 탄 사람에게 40% 정도의 책임이 있다고 보고 있습니다.[8] 40%의 책임이 있으니, 배상은 60%밖에 받지 못합니다. 그러니 누군가 음주운전을 하려고 한다면 적극적으로 뜯어 말려야 하고, 못 말렸다고 해도 그 차에는 타지 말아야 합니다.

> √ 음주운전을 말리지 않고 함께 타면 징역 또는 벌금형
> √ 음주운전을 적극 부추겼을 경우 더 무거운 형량
> √ 음주운전 차량에 함께 탔다가 피해를 입어도 전부를 배상받지 못 함

술자리 대책을 충분히 마련하라

모든 범죄는 예방이 중요합니다. 음주운전도 마찬가지입니다. 음주운전을 처음부터 막는 방법이 있습니다. 술자리가 잡히면 차를 가지고 가지 않는 것입니다. 술을 마시고 마음이 변힐 수도 있기 때문입니다. 유혹 자체를 차단해야 합니다. 대중교통이 발달하지 않은 격오지에서 근무하고 있다면 더욱 그렇습니다.

마음이 변하지 않고 대리운전 서비스를 이용한다고 해도, 난감한 상황이 생길 수 있습니다. 대리운전 서비스를 이용하면 기사님들이 잘못된 주차 구역에 주차를 하고, 다음 콜을 받

---

8   서울중앙지방법원 2018. 5. 11. 선고 2016가단5062951 판결

아 급하게 떠나실 때가 있습니다. 늦은 시간에 부탁할 사람이 없다면 '주차만 간단히 하지 뭐!'라는 유혹에 빠질 수 있습니다. 실제 이런 경우를 실무에서 종종 만나게 됩니다.

대중교통이 발달하지 않은 곳일수록 자가용에 의존해야 하는 경우가 많습니다. 이런 곳에서 자가용 없이 이동하기란 어렵습니다. 술자리 자체를 열지 않는 것도 방법이겠지만, 부대 운영상 음주 회식이 필요한 때도 있고, 부대원들끼리의 모든 술자리를 막기도 어렵습니다.

따라서 격오지 부대일수록 술자리가 잡히면 지휘관, 부서장, 최선임자들이 교통편까지 세심하게 신경 써야 합니다. 물론 우발적인 술자리에 교통편까지 신경 쓰기는 어렵습니다. 따라서 술자리도 계획적으로 마련하는 것이 좋습니다. 예를 들면 술을 마시지 않거나 좋아하지 않는 사람이 기사 역할을 하도록 편성할 수도 있고, 택시를 여러 대 준비할 수도 있습니다.

술자리를 일단 열었다면 가장 좋은 음주운전 예방법은 '119운동'입니다. 119운동은 회식을 1가지 술로 1차에서 9시(21시) 이전에 끝내는 것입니다. 일단 이렇게 술자리를 일찍 끝내면 다음날 아침 숙취 운전도 예방할 수 있습니다. 대중교통이 끊기기 전이니 교통편 마련도 훨씬 쉽습니다. 물론 다음날 근무에도 지장이 없습니다. 술은 부대원들 사이 유대 관계를 쌓아주는 도구지만, 과하면 음주운전을 비롯해 다양한 사고를 일으킵니다. 지휘관부터 솔선하여 119운동을 준수하여 모범을 보이고, 부대원들에게도 적극 권장하면 좋겠습니다.

- ✓ 회식을 일찍 끝내면 이점이 많다.
- ✓ 계획한 회식의 경우 교통편을 미리 준비할 것

VI

교통사고

과실과 업무

교통사고 이야기를 하려면 먼저 과실치사, 과실치상, 업무상과실이라는 법적 용어를 살펴봐야 합니다. 이 개념들을 규정한 법조문을 살펴봅시다.

「형법」 제266조 (과실치상)
① 과실로 인하여 사람의 신체를 상해에 이르게 한 자는 500만 원 이하의 벌금, 구류 또는 과료에 처한다.
② 제1항의 죄는 피해자의 명시한 의사에 반하여 공소를 제기할 수 없다.

「형법」 제267조 (과실치사)
과실로 인하여 사람을 사망에 이르게 한 자는 2년 이하의 금고 또는 700만 원 이하의 벌금에 처한다.

「형법」 제268조 (업무상과실 · 중과실 치사상)
업무상과실 또는 중대한 과실로 사람을 사망이나 상해에 이르게 한 자는 5년 이하의 금고 또는 2천만 원 이하의 벌금에 처한다.

'과실'은 '실수'와 같은 뜻입니다. 일부러 그런 것이 아니라는 뜻입니다. 사람과 자동차가 부딪히면 사람이 다치거나 죽습니다. 그런데 사람을 다치게 하거나 죽이려고 사고를 내는 사람은 거의 없습니다. 만약 그랬다면 상해죄나 살인죄가 성립하지, 교통사고가 아닙니다. 즉 실수로 교통사고를 내 사람을 다치게 하면 과실치상, 실수로 사람을 죽게 만들면 과실치사가 성립합니다.

그렇다면 업무상과실치사, 업무상과실치상에서 '업무'는 무슨 뜻일까요? 법원에서 해석하는 업무는 '사회적으로 인정받는 어떤 지위를 가짐으로써 계속해서 하게 되는 일'입니다. 이렇게 보면 출근해서 매일 부대에서 하는 일은 당연히 업무입니다. 법원은 여기에 더해 운전도 업무로 봅니다. 택시 기사나 택배 배달원처럼 운전을 직업으로 하는 사람들뿐 아니라, 단순히 차를 몰고 있는 것도 사회적으로 지위를 인정받아 계속하는 일로 보는 것입니다. 그러니 운전 중 교통사고를 내어 사람이 다치면 업무상과실치상, 사람을 죽게 만들면 업무상과실치사로 인정합니다. 그리고 일반 과실치상, 과실치사보다 무거운 처벌을 받습니다.

종합보험에 가입하고, 12대 중과실을 기억하자

법에서 말하는 폭행과 상해의 기준은 일상적으로 이야기하는 폭행과 상해보다 기준이 낮습니다. 뺨만 맞아도 전치 2주 진단서를 받을 수 있습니다. 전치 2주만 인정돼도 다친 것이므로, 상해가 성립합니다. 뺨만 맞아도 전치 2주가 나오는데 자동차와 사람이 부딪혔다면, 아무리 작은 교통사고라고 해도 전치 2주는 쉽게 나옵니다. 즉 운전자가 아주 가벼운 접촉사고만 냈더라도, 업무상과실치상죄로 가중처벌을 받게 됩니다. 그리고 이렇게 되면 5년 이하의 금고,[1] 또는 2천만 원 이하의 벌금에 처해질 수 있습니다.

군부대에서는 여러 종류의 군용차를 운용합니다. 이 군용차들은 대부분 운전병들이 운전합니다. 운전병들은 20대 초반이 대부분이어서 면허를 딴 지 얼마 되지 않아 운전이 미숙한 경우가 많습니다. 그렇다면 이 운전병들이 모두 단순 접촉

---

1 징역은 노동까지 같이 하는 감옥살이를 뜻하고, 금고는 노역을 살지 않는 감옥살이를 뜻한다. 이렇게 엄밀하게는 다른 처벌이지만 사실상 감옥에 갇히는, 동일 처벌이라 봐도 무방하다.

사고를 낼 때마다 벌금을 내거나 감옥살이를 해야 하는 것일까요? 그렇게 되면 부대 운영은 마비될 것입니다. 물론 운전이 미숙하지 않더라도 운전자가 도로의 상황을 모두 예측하기란 어렵습니다. 아무리 주의를 기울인다고 해도 교통사고가 생길 수 있습니다. 이런 경우를 완화된 기준 없이 모두 처벌한다면 운전자들이 억울할 수도 있습니다.

이런 이유로 「교통사고처리특례법」을 따로 만들어, 교통사고는 다른 기준을 적용합니다. 법이 규정한 이 기준을 만족하면 처벌하지 않겠다는 것입니다. 법조문이 복잡하게 되어 있지만, 교통사고를 내도 처벌받지 않는 기준을 정리하면 다음과 같습니다.

✓ 처벌받지 않는 교통사고의 기준
 - 사고를 낸 사람이 종합보험에 가입했을 것[2]
 - 만약 종합보험에 가입하지 않았다면, 피해자가 처벌을 원하시 않을 것[3]
 - '12대 중과실'[4] 위반, 뺑소니, 음주 측정 거부로 인한 사고가 아닐 것
 - 사망사고가 아닐 것

[2] 간혹 초급간부들이 비용 절감을 이유로 종합보험이 아닌 최소한의 가입의무가 강제되는 책임보험만 가입하는 경우가 있는데, 책임보험은 교통사고 처벌 특례에서 제외되므로 종합보험을 가입하도록 안내할 필요가 있다. 「교통사고처리특례법」 제4도 제1항, 제2항

✓ 12대 중과실
- 신호 위반 및 지시 위반
- 중앙선 침범 및 고속도로 유턴·횡단·후진 위반
- 과속
- 끼어들기·앞지르기 규정 위반
- 철길건널목 통과방법 위반
- 보행자보호의무 위반
- 무면허운전
- 음주운전
- 보도 침범
- 승객추락방지의무 위반
- 어린이보호구역 안전운전의무 위반
- 화물고정조치 위반

    교통사고는 주의 깊게 안전운전을 하더라도 언제든지 일어날 수 있습니다. 따라서 종합보험에 가입했거나, 종합보험에 가입하지 않았더라도 피해자가 처벌을 원하지 않으면 예외적으로 처벌하지 않습니다. 다만 법으로 특별히 규정한 12가지의 교통법규 위반 상황은, 충분히 주의해서 운전했다고 보기 어렵기 때문에 예외 없이 처벌하겠다는 뜻입니다. 그리고 사망사고까지 일으켰을 정도라면, 충분히 주의해서 운전했다고 보기 어려우므로 역시 예외 없이 처벌합니다.

3 「교통사고처리특례법」 제3조 제2항
4 「교통사고처리특례법」 제3조 제2항

자동차보험에는 법적으로 반드시 가입해야 하는 책임보험(대인배상 I)과,[5] 교통사고 피해를 조금 더 넓게 배상해 주는 종합보험(대인배상 II 무한)이 있습니다. 보장 범위가 넓은 종합보험이 조금 더 비쌉니다. 하지만 종합보험이 비싸다고 책임보험만 가입한다면, 교통사고 형사처벌을 받지 않기 위해서 피해자와 합의를 해야 합니다. 합의 과정은 매우 어렵습니다. 피해자의 마음을 돌리기 위해서는 종합보험료보다 훨씬 더 많이 합의금이 필요합니다.

군용차는 모두 종합보험까지 가입이 되어 있습니다. 다만 간부들의 개인 차량은 개인 명의로 보험에 가입하기 때문에 주의해야 합니다. 자산이 많이 형성되지 않은 초급간부들이 자동차를 구입하면, 반드시 종합보험까지 가입하도록 안내해야 합니다.

- √ 12대 중과실을 숙지
- √ 책임보험만으로는 **부족**. 차량을 구입하면 반드시 종합보험(대인배상 II 무한)까지 가입

---

5 「자동차 손해배상 보장법」 제5조

뺑소니는 처벌이 더 무겁다

사망사고가 아니거나, 12대 중과실로 교통사고를 내지 않았고, 종합보험에 가입했거나, 피해자와 합의했다면 업무상과실치상죄가 성립하지 않습니다. 그럼 처벌을 피할 수 있는 것일까요? 그렇지는 않습니다. 몇 가지 특별한 조치를 더 해야 합니다. 이 조치를 다하지 않으면 뺑소니[6]가 성립합니다.

뺑소니의 옛 법적 명칭은 '도주차량죄'입니다. 즉 교통사고를 낸 운전자가 사고 현장에서 도망갔다는 뜻입니다. 뺑소니는 업무상과실치사상죄보다 무거운 처벌을 받습니다. 운전자가 도망친 다음 피해자가 사망하는 경우, 또는 사고를 숨기려고 자동차나 사람을 옮기거나 숨겼다면 그냥 도망쳤을 때보다 더욱 무거운 처벌을 받습니다. 이런 식으로 자동차나 사람을 옮기고, 그 결과 사고 경위 파악이나 신원 파악에 지장을 주는 행동을 '유기'라고 합니다.[7]

즉시 차를 멈추고 신원을 알려라

운전을 하다 사고를 내면, 누구라도 당황해서 실수하기 마

---

[6] 법률상 정식 명칭은 도주치사죄, 도주치상죄이나, 직관적인 이해를 돕기 위해 뺑소니로 통일하였다.
[7] 대법원 1991. 9. 10. 선고 91도1737 판결

련입니다. 그러나 아주 특별한 조치를 취해야 하는 것도 아닙니다. 자동차로 사람을 쳤다면 차에서 내려 사고당한 사람을 구조하고, 물건에 충돌했다면 물건 주인에게 연락하면 됩니다. 상식적인 일이지만, 그래도 자세히 살펴봅시다.

> ✓ 교통사고운전자의 3대 의무: 즉시 정차, 신원 제공, 구호 조치

먼저 '즉시 정차'해야 합니다. 운전을 하다가 사고가 났다면, 그 자리에 바로 차를 세우고 내려서 확인해야 합니다. 어떤 사고 운전자들은 '사고가 난 줄 몰라서 그대로 운전을 했다'고 주장하기도 합니다. 그러나 사고가 났는데 운전자가 모르기 어렵습니다. 혹 정말 몰랐다고 하더라도 운전하던 자동차 주변에서 평소에 듣지 못하던 소리가 난다든지, 평소 운전할 때 느낄 수 없는 느낌이 난다면 차를 멈추고 내려서 확인해야 합니다. 교통사고가 아니더라도 자동차에 이상이 생겼을 수도 있고, 그렇다면 진짜 사고로 이어질 수도 있습니다.

다음은 '신원 제공'입니다. 차에서 내려 주변을 살펴봤는데 아무 일이 없고 자동차에도 문제가 없다면 목적지로 다시 출발하면 됩니다. 그러나 사람이 다쳤다면 반드시 피해자에게 사고를 일으킨 운전자의 신원을 알려야 합니다. 주차 도중에 다른 자동차를 쳤다면, 피해를 입은 자동차 주인에게 연락해야 합니다. 만약 가드레일이나 도로 시설물을 부쉈다면 경찰

에 연락해야 합니다.

접촉사고가 났을 때, 사고의 규모가 크지 않다며 보험회사에도 연락하지 않고 그 자리에서 합의를 하기도 합니다. 사고이력이 남으면 보험료가 할증되므로, 이를 피하려는 것입니다. 그러나 교통사고 처리 특례의 조건인 합의의 근거가 제대로 남지 않아 나중에 분쟁이 생기면 민형사상 곤란한 일이 발생할 수도 있습니다. 보험료가 아까워 책임보험만 가입했다가 훨씬 비싼 합의금을 치러야 하는 것처럼, 보험료 할증을 피하려다 더 큰 시간과 비용이 들 수 있습니다.

그러므로 아무리 작은 사고라도 가입한 보험회사에 연락해 사고접수를 하는 것이 좋습니다. 보험회사 직원들이 사고처리를 위해 사고 차량의 인적사항을 물어보는데, 자연스럽게 신원이 기록되므로 신원제공 의무도 간단히 해결할 수 있습니다. 또한 보험회사 직원들은 사고가 났을 때 필요한 다른 조치들도 친절히 안내해주니 여러모로 편리합니다.

√ 즉시 정차해 확인할 것
√ 보험회사 없이 합의할 경우, 분쟁이 발생할 수 있음
√ 주차된 차나 도로 시설물과 접촉이 있을 때도 연락

병원까지 데려다 줄 것

사람이 다쳤다면 운전자는 반드시 '구호 조치'를 해야 합니다. 자동차는 무겁고 빨리 달리는 '위험한 물건'입니다. 이 위험한 물건으로 사람을 다치게 했다면 그만큼 더 큰 책임을 져야 합니다.

구호 조치는 경찰이나 소방에 신고하는 것으로는 부족합니다. 부상을 치료할 수 있도록 병원까지 옮겨야 의무를 다했다고 인정합니다. 상대방 차량에 타고 있는 피해자가 괜찮다고 하거나, 피해자가 스스로 병원에 가겠다고 할 수도 있습니다. 이럴 때는 피해자에게 병원까지 같이 가겠다는 의사를 밝히고, 피해자가 이를 거절해 스스로 병원에 가겠다는 대답을 듣는 것이 좋습니다. 걱정된다면 함께 병원에 가는 것도 괜찮습니다. 병원에 동행하지 않아도 좋다는 피해자의 의사를 문자나 녹취로 남겨두면 좋겠습니다.

보행자를 쳤다면 꽤 크게 다쳤을 가능성이 높습니다. 다친 상태로 병원에 간다는 것은 사실상 어렵습니다. 이때는 반드시 피해자를 병원으로 데리고 가야 합니다. 만약 피해자가 미성년자라면 더욱 병원까지 함께 가야 합니다. 미성년자는 자신이 입은 교통사고 피해를 정확하게 모를 가능성이 높습니다. 법원은 미성년자를 대상으로 교통사고를 낸 경우에는 보호자에게 연락하고, 병원에서 치료를 받을 수 있도록 병원까지 함께 가서 조치를 완료해야 구호 조치를 다했다고 보고 있습니다.[8] 굳이 법률을 살펴보지 않더라도 사고를 냈다면 당연히 해야 할 일입니다. 사고를 냈다면 사고를 당한 피해자의 입장에서 행동해야 합니다.

> √ 사고가 발생하면 즉시 정차 후 보험사 접수
> √ 피해자가 거절하지 않는 이상 병원까지 동행
> √ 미성년자의 경우 거절하더라도 병원까지 동행

---

8 대법원 2011. 4. 14. 선고 2010도16030 판결

VII

군인의 정치적 중립

정치적 중립 의무

대한민국은 주요 선진국 가운데 강력한 징병제를 실시하는 몇 안 되는 국가입니다. 병력 규모도 작지 않습니다. 2024년 기준 국군 상비 병력은 약 50만 명입니다. 한편 군은 사람을 죽거나 다치게 할 수 있는 치명적인 무기를 합법적으로 운용합니다. 우리 군은 과거 이렇게 강력한 무력을 가지고 잘못된 방식으로 정치에 개입했던 비극적인 역사가 있습니다. 이런 이유로 민주주의 국가인 대한민국은 '국민에 의한 정치'가 제대로 이루어지도록, 국민이 군을 통제하는 여러 법적 제도를 마련해 두고 있습니다. 만약 이런 통제가 제대로 이루어지지 않는다면, 예전에 저질렀던 잘못된 행동을 군이 되풀이할 수도 있기 때문입니다. 군의 정치 개입은 엄격하게 제한되어야 합니다.

「대한민국헌법」 제5조 제2항
국군은 국가의 안전보장과 국토방위의 신성한 의무를 수행함을 사명으로 하며, 그 정치적 중립성은 준수된다.

1987년 6월 민주항쟁 직후 개정된 「헌법」에 군의 정치적 중립 준수 의무가 추가되었습니다. 「헌법」은 다른 모든 법에 우선하는 대한민국의 최고법입니다. 그러므로 「헌법」에 규정된 의무는 어떤 방법으로도 피할 수 없습니다. 「헌법」상 의무인 정치적 중립 준수 의무도 어떤 상황에서든 반드시 지켜야 하는, 무거운 책임입니다.

현역 군인인 장교, 부사관, 용사뿐만 아니라 군무원, 사관생도, 사관후보생 등 준군인 신분의 사람도 똑같이 정치적 중립 준수 의무를 지켜야 합니다.[1] 군인의 정치적 중립 준수 의무를 지키지 않으면 「군형법」에 따라 형사처벌 대상이 됩니다.[2] 징계는 기본이 감봉이어서 결코 가볍지 않습니다.[3]

---

1 「군인의 지위 및 복무에 관한 기본법」 제3조
2 「군형법」 제94조
3 「육군 규정 180 징계규정」 별표 2

물어보지도 마라

민주주의 국가에서 누구나 정치적 견해를 가질 수 있습니다. 군인 또한 대한민국 국민이기에, 각자 정치적 견해를 가질 수 있습니다. 그러나 군인은 자신의 정치적 견해를 밖으로 내보여서는 안 됩니다.

정치적 견해에는 특정 정당이나 정치인을 지지한다는 의사도 포함됩니다. 군인도 선거에서 투표를 합니다. 그러나 선거에서 자신의 의사를 투표로 드러내는 것 이외에, 다른 방식으로 정치적 견해를 드러내서는 안 됩니다. 예를 들어 정부나 정당의 정치적 메시지를 자신의 의사로 드러내는 행위도 정치적 중립 의무 위반이 될 수 있습니다. 여기에는 여당, 야당, 정부가 따로 없습니다. 다른 사람에게 정치적 견해를 단순히 물어보는 것은 어떨까요? 이 또한 문제가 될 수 있습니다.(단 정치성이 없는 국방 정책 홍보는 문제되지 않습니다.)

사례 1 부하들에게 정치적 견해를 물어본 A중령

대대장인 A중령은 국회의원 선거를 앞두고 부대원들 대상으로 지휘관 교육을 실시하였다. A중령은 용사들의 정치적 여론이 궁금했다. 용사들에게 이번 선거에서 누구를 뽑을지 물어보았다. 용사들이 당황하며 대답을 머뭇거리자 한 번 더 물어보았다. 용사들 가운데 몇 명이 특정 정당을 뽑겠다고 답했다. A중령은 용사들에게 '나라가 참으로 큰일이다.'라고 말하며 교육을 마무리했다.

용사들과 A중령 모두 군인이므로 정치적 중립 준수 의무가 있습니다. A중령은 용사들의 정치적 의견을 드러내도록 했습니다. 상명하복이 기본이 되는 군에서 지휘관의 질문에 대답을 피하기는 어렵습니다. 실제로 A중령과 같은 행동을 한 어떤 간부는 정직 2월의 징계를 받았습니다.

공적인 자리가 아닌, 사적인 자리에서는 어떨까요? 역시 적절하지 않습니다. 선거에 나간 후보의 명함을 나눠 주면서 해당 후보의 출마 사실을 알린 간부는 견책 처분을 받았습니다. 아무리 사적인 자리라고 해도 지휘관이나 상관이 하는 말은 하급자에게 권위를 갖습니다. 자신보다 계급이 높은 지휘관이나 상관이 있는 자리, 또는 민간인이 섞여 있는 자리라고 해도 다르지 않습니다. 무엇보다 한 명의 군인일지라도, 그 군인은 군 전체를 대표하는 것처럼 보일 수 있습니다. 나 개인의 정치적 견해가 군 전체의 입장으로 비칠 수 있습니다. 바람직하지 않을 뿐더러,「군형법」이나 징계 규정에 따라 무거운 처벌을 받을 수 있습니다.

정치 관련 SNS 게시물은 확인만

간부뿐 아니라 용사들도 스마트폰을 쓸 수 있게 되면서 SNS를 둘러싼 사건들이 늘었습니다. SNS를 이용하면 순식간에 광범위하게 메시지를 퍼뜨릴 수 있습니다. 직접 게시물을 쓰지 않더라도 SNS의 여러 기능, 예를 들어 '좋아요', '공유' 등의 기능은 간접적으로 의사를 드러낼 수 있는 장치입니다. SNS 활동은 아직도 경계가 모호해 판단이 어렵습니다. 그러므로 특히 주의해야 합니다. 육군수첩 안에 있는 「군 SNS 활용 행동강령」을 읽고 그에 따라 사용할 것을 권합니다.

게시물에 대한 단순한 열람, 구독, 알림 설정은 문제가 되지 않습니다. 어떤 게시물을 보는 것만으로는 지지나 반대의 의사표시를 판단하기 어렵기 때문입니다. 군인은 자신의 정치적 견해를 드러낼 수 없을 뿐, 국민으로서 참정권 가운데 하나인 선거권을 행사합니다. 선거권 행사를 위해 정보를 얻을 필요가 있고, SNS에서 필요한 정보를 얻을 수 있습니다.

그러나 게시물을 작성해 자신의 정치적 견해를 드러내면, 정치적 중립 준수 의무를 어기게 됩니다. 댓글도 게시물 작성과 똑같이 평가됩니다. 정치적 게시물을 익명으로 올려도 역시 정치적 중립 준수 의무 위반입니다. 익명인지 실명인지는 중요하지 않습니다. 군인 신분으로 작성했다면 정치적 중립 준수 의무 위반입니다. 군 통수권자인 대통령을 비방하거나 비난하는 게시물이라면 정치적 중립 준수 의무 위반과 별도로 상관모욕죄까지 성립해 추가로 처벌받습니다.

게시물을 퍼 나르는 행위는 어떨까요? 다른 사람의 게시물을 재생산하여도 정치적 중립 준수 의무 위반입니다. 공유나 리트윗으로 정치적인 입장문, 정치 인플루언서의 견해를 전파하는 행위는 정치적 지지 의사를 담고 있다고 볼 수 있습니다.

재생산 행위도 정치적 견해를 표명했다고 동일하게 평가합니다. 메신저 기반 대화방이나 문자(SMS)에 입장문 링크를 복사해 붙여 넣어 전파해도 마찬가지입니다. 모두 정치적 견해를 재생산하는 일입니다. 군인 신분으로 해서는 안 될 일입니다.

정당이나 정치인, 정치 인플루언서의 견해가 아닌 언론에서 보도한 기사는 어떨까요? 사실관계 자체를 전달하는 언론 기사는 업무상 필요할 수도 있습니다. 특정한 정치성을 띠고 있다고 보기 어려운 경우가 많아 특별히 문제가 되지 않습니다. 그러나 사설이나 칼럼처럼 주장을 담은 기사는 사실상 정치적 견해라고 볼 수 있습니다. 따라서 사설이나 칼럼, 또는 정치적 입장이 담긴 기사를 공유, 리트윗, 링크를 복사해 전파하는 행위도 정치적 중립 준수 의무 위반으로 평가할 수 있습니다.

게시물에 대한 '좋아요' 버튼을 누르는 것은 어떨까요? '좋아요'는 공유나 링크 복사만큼 적극적으로 재생산하는 행위로 보지 않는 편입니다. 그런데 만약 1시간 동안 특정 정당이나 정치인의 게시물에 '좋아요'를 200개 눌렀다면? 사실상 적극적인 정치적 견해 표명이라고 볼 수 있습니다. '좋아요'를 누를 수 있지만 목적, 횟수, 기간에 따라 문제가 될 수 있으니 되도록 정치 게시물에 좋아요를 누르지 않는 것이 좋습니다.

- √ 게시물 작성은 익명으로도 해서는 안 됨
- √ 공유, 리트윗, 댓글 모두 하지 말 것
- √ '좋아요' 버튼 역시 되도록 누르는 것을 피할 것

선거운동 기간에는 특별히 조심해야 한다

대한민국은 대통령 선거, 국회의원 총선거, 전국동시지방선거를 치릅니다. 전국 단위로 치러지지 않지만 재보궐선거도 있습니다. 선거 기간에는 정치적 이슈가 폭발적으로 늘어납니다. 따라서 자칫 나도 모르는 사이에 군인의 정치적 중립 준수 의무를 어기는 상황이 일어날 수 있습니다. 따라서 선거 기간을 잘 알아두고, 선거 기간에는 특별히 정치적 중립 의무 준수에 신경을 쓸 필요가 있습니다.

군인의 선거운동은 엄격히 금지됩니다.[4] 그러나 배우자나 부모, 자녀가 입후보한 경우에는 군인도 제한적으로나마 선거운동을 할 수 있습니다. 부모, 자녀가 후보자로 등록했다면 공식 선거운동 기간(대통령 선거 23일, 기타 선거 14일) 동안,[5] 배우자가 후보자로 선거에 나갔다면 예비후보자 등록 이후부터 군인도 선거운동을 할 수 있습니다.[6] 단 선거운동을 할 때 군인임을 드러내는 표식을 차거나 군복을 입고 선거운동을 할 수는 없습니다.[7] 또한 선거운동을 할 때 본래 군인으로서의 업무를 하거나, 자신의 지위를 이용하는 선거운동을 할 수 없습니다. 선거에 출마하는 사람이 수천 명에 달하는 전국동시지

---

4 「공직선거법」 제60조 제1항, 군인이나 군무원이 아닌 예비군 중대장급 이상 간부도 선거운동이 불가하다.
5 「공직선거법」 제33조
6 「공직선거법」 제60조 제1항
7 「공직선거법」 제85조 제1항, 제2항

방선거에서는 특히 조심해야 합니다.

투표 인증샷은 오해의 소지가 없게

많은 국민들이 투표일에 투표 인증샷을 찍습니다. 인증샷에 특정 정당이나 후보가 연상될 수 있는 손가락으로 V를 표시하거나, 엄지를 세우는 모습 등이 들어가도 되는지 여러 차례 논쟁이 있었지만, 2024년 기준으로 모두 가능해졌습니다.

그러나 정치적 중립 준수 의무가 강하게 요구되는 군인은 기호를 연상시킬 수 있는 투표 인증샷을 찍어서는 안 됩니다. 선거관리위원회가 손가락 V, '엄지 척'과 같은 사진을 선거운동으로 보고 있기 때문입니다. 실제로 한 군인이 사전투표 후 손가락으로 기호를 연상시킬 수 있는 손가락 표시를 하며 인증샷을 찍었다가 견책 처분을 받기도 했습니다. 지나친 제약처럼 보일 수 있습니다. 그러나 「헌법」에 규정된 군인의 정치적 중립 준수 의무는 그만큼 엄격하게 지켜야 합니다. 군인이라면 특정 정당이나 후보를 지지하는 인상을 주지 않도록, 별도의 포즈를 취하지 않는 투표 인증샷을 찍거나 투표확인증 등을 활용하면 좋겠습니다.

투표 인증샷은 반드시 투표장 바깥에서 찍어야 합니다. 투표장 안에서 사진을 찍으면 선거관리위원회 직원이 제지합니다. 만약 기표소 안에서 기표한 투표 용지를 촬영했다면, 2년

이하의 징역 또는 400만 원 이하의 벌금형에 처해집니다.[8]

군인도 어느 정도 제약 없이 투표 독려를 할 수 있습니다.[9] 다만 앞서 살펴본 A대대장처럼 투표를 독려하는 행위에 자칫 특정 후보를 향한 투표 종용, 즉 정치적 입장을 내비치는 뉘앙스가 있으면 안 됩니다. 투표 독려 또한 정치적 중립 의무 준수 범위 내에서 이루어져야 합니다. 한편 투표 독려와 관련해 지휘관과 인사 담당자들은 영내에서 생활하는 용사들의 사전투표 여건을 세심히 보장해, 참정권이 침해되는 일이 없게 하는 것도 중요합니다.

> √ 투표 인증샷은 별도의 포즈 없이
> √ 투표확인증 활용 가능
> √ 투표 독려는 가능하나, 특정 후보 언급 없어야

사적 모임, 후원금, 여론조사 응답

선거운동 기간에는 사적 모임을 자제하는 것이 좋습니다. 치열한 선거운동 과정에서 예기치 못한 일이 벌어질 수 있기 때문입니다. 예를 들어 정치적 목적과 무관한 사적 모임인 향

---

8 「공직선거법」 제166조의2, 제256조 제3항 제2호 사목
9 「공직선거법」 제58조의2

우회, 동창회에 정당원이나 선거운동원이 참석했다면 정치적 목적을 띠는 자리로 모임 성격이 바뀔 수 있습니다. 오해를 피하려면 선거 기간에 사적 모임 참석을 최소화해야 합니다. 특히 정치인의 출판기념회는 사실상 정치인의 정견 발표회와 마찬가지이므로 참석해서는 안 됩니다.

정치 후원금도 엄격히 금지됩니다. 정치 후원금은 정당이나 후보자에게 그대로 전달되는 돈이므로 그 자체로 지지 목적이 있습니다. 정치 후원금을 기부할 수 있는 중앙선거관리위원회 정치후원금센터 홈페이지에서도 공무원, 군인이 정치후원을 할 수 없다는 점을 안내하고 있습니다.[10]

다만 정치 기탁금은 가능합니다. 정치 기탁금은 특정 정당이나 정치인에 대한 후원이 아닙니다. 정치 발전을 위해 선거관리위원회에 맡기는 돈이죠. 선거관리위원회는 이 돈을 모든 정당에 나누어줍니다. 1/n로 나눠 주는 것은 아니며 국고보조금 지급 비율에 따라 나눠 줍니다. 정치 기탁금은 1년에 10만 원까지 전액 세액공제를 받을 수 있습니다. 10만 원을 초과하는 금액도 일부 세액공제를 받을 수 있죠. 납부 방법은 중앙선거관리위원회 정치후원금센터 홈페이지에 나와 있습니다.

군인이 여론조사에 응답해도 될까요? 응답해도 됩니다. 여론조사에 응답했다고 해서 군인으로서 정치적 견해를 밝힌 것으로 보지는 않습니다. 그러나 정당이 당내 선거를 국민 참여

---

10 http://give.go.kr/

방식으로 설계했을 때, 정당원이 아닌 일반 국민을 대상으로 여론조사를 해서 이 결과를 당내 선거에 반영하기도 합니다. 이는 단순한 여론조사가 아닌 선거입니다. 군인은 이와 같은 선거에서 선거인이 될 수 없기에,[11] 이런 종류의 여론조사에 응답해서는 안 됩니다.

- √ 선거 기간에는 사적 모임 참석 자제
- √ 여론조사는 정당 경선이 아니라면 응답 가능

---

11 「공직선거법」 제57조의2 제3항, 「정당법」 제22조

VIII

도박, 불법 금전거래

병영도 도박에서 예외일 수 없다

병영 내 스마트폰 사용이 늘어나면서 스마트폰을 이용한 범죄가 늘었습니다. 디지털 성범죄가 대표적이지만 이외에도 도박이 있습니다. 불법 사설 스포츠 베팅 사이트를 이용하거나 불법 온라인 카지노를 이용해 도박을 하는 것입니다. 도박 금액이 수백만 원을 넘어 1억 원을 넘는 경우도 어렵지 않게 찾아볼 수 있습니다. 주로는 20대 초중반 용사들이나 비슷한 연령대의 초급간부들이 도박의 유혹에 흔들리는 편입니다.

「형법」제246조(도박, 상습도박)

① 도박을 한 사람은 1천만 원 이하의 벌금에 처한다. 다만, 일시

오락 정도에 불과한 경우에는 예외로 한다.

② 상습으로 제1항의 죄를 범한 사람은 3년 이하의 징역 또는 2천만 원 이하의 벌금에 처한다.

> ✓ 재물 투입(재물성)
> ✓ 우연에 기댄 승부(우연성)
> ✓ 승부의 결과를 다시 돈으로 환급(환금성)

법에서 처벌하는 도박죄가 되려면 3가지 요건이 충족되어야 합니다.

일단 무언가 걸어야 합니다. 물건이든, 사이버 머니든, 현금이든 무언가를 걸고 내기를 해야 합니다. 그리고 그 내기의 결과가 우연에 기대어 있어야 합니다. 체력검정 3km 달리기에서 누가 먼저 들어오는지에 따라 간식을 사기로 했다고 가정해 봅시다. 달리기는 우연에 따라 결과가 바뀌기 어렵습니다. 평소 튼튼히 체력단련을 했다면 유리하겠죠. 즉 노력에 따라 결과가 바뀔 수 있습니다. 이런 내기는 도박이 성립하지 않습니다. 마지막으로 그 결과를 다시 돈으로 쉽게 돌려받을 수 있어야 합니다. 우리가 온라인 게임에서 아이템 상자를 사면, 구매한 아이템 상자는 랜덤으로 아이템을 줍니다. 돈을 내고 랜덤으로 아이템을 뽑으니 재물성과 우연성은 모두 충족합니다. 그러나 그 아이템이 다시 내 주머니 속 지갑에 현금으로 들어올 수는 없습니다. 그저 그 아이템을 이용해 조금 더 쉽고 즐겁게 게임을 즐길 수 있을 뿐입니다. 이런 경우도 도박죄가 성립하지 않습니다.

그렇다면 가족들이 명절에 모여서, 1점당 10원씩 걸고 화투를 쳤다고 가정해 봅시다. 도박죄를 저지른 것일까요? 일단 돈도 걸었고, 1점당 10원씩 돈으로 받을 수도 있습니다. 화투는 노력보다는 어떤 패가 우연히 들어오느냐에 따라 승부가 갈리는 게임입니다. 따라서 도박죄로 볼 수 있습니다. 그런데 이런 경우는 판돈이 무척 적습니다. 한 번에 7점을 내서 이겨도 70원인데, 이 정도면 그저 친목을 다지기 위해 재미로 친 것은 아닐까요? 이런 경우까지 굳이 처벌해야 할까요? 조금 모호합니다.

이런 이유로 판돈이 크지 않고, 그저 재미로만 내기를 한 것이라면 도박이라도 처벌하지 않습니다. '일시오락'으로 보고 '적당히 즐겼다'고 보는 것입니다. 법원은 사회적 지위, 재산 정도, 판돈의 크기에 따라, 이를 일시오락으로 볼지 도박으로 볼지 판단합니다.[1] 1점당 10원처럼 판돈의 규모가 작은 경우는, 비록 세 가지 요건을 모두 채웠지만 일시적인 게임으로 보는 편입니다.[2]

그러나 대부분 불법 사이버 도박 사이트를 통한 베팅은 일시적인 재미를 느끼려는 목적보다는 돈을 노리는 도박성이 더 짙습니다. 대표적인 불법 사이버 도박 사이트 가운데 '사설 스

---

1 대법원 1985. 11. 12. 선고 85도2096 판결
2 「형법」제246조 제1항 단서

	내용	징계[3]	
간부	100회 이상 또는 1억 원 이상	파면~강등	영내, 일과시간 내에 하거나 추가 금전 사고가 발생하면 가중
	20회~99회 또는 1천만~1억 원	정직~감봉	
	20회 미만 또는 1천만 원 미만	근신	
용사	100회 이상 또는 1천만 원 이상	강등	
	20회~99회 또는 50만 원 (사이버도박은 100만 원)~1천만 원	군기교육	
	20회 미만 또는 50만 원 (사이버도박은 100만 원) 미만	감봉~견책	

포츠 토토'가 있습니다. 대한민국에서는 1인당 10만 원의 구매 제한이 걸려 있는 공인 스포츠 토토를 제외한 모든 사설 스포츠 베팅은 「국민체육진흥법」에 따라 가중처벌 대상입니다.[4] 불법 사이버 도박 사이트에 단 100원을 걸어도, 용사 기준 휴가 단축 이상의 징계도 가능합니다. 베팅 금액이 수백만 원대로 늘어나면 형사절차에 따라 입건해 처벌하고 있습니다.

겨우 100원을 걸었을 뿐인데 휴가까지 줄어들어야 하냐며 받아들이기 어려울지 모르지만, 이렇게 엄하게 처벌하는 이유가 있습니다. 도박은 중독성을 갖고 있기 때문입니다. 시작은 100원이었을지라도 곧 수백만 원이 되다가, 도박을 끊지 못하는 지경에 이르기도 합니다. 불법 사이버 도박 사이트는 베팅의 상한선도 없습니다. 이런 이유로 사전에 미리 강하게 처벌

---

3 「육군 규정 180 징계규정」 별표 10
4 「국민체육진흥법」 제26조, 제48조 등

해 도박을 하지 못하게끔 하려는 것이죠.

도박의 또 다른 문제는 다른 경제 범죄를 부른다는 점입니다. 20대 초중반의 청년에게 수백만 원, 수천만 원의 자산이 있기 어렵습니다. 도박에 빠진 장병들은 자연스럽게 불법 사채를 쓰거나, 부대 안에서 개인 간 금전거래로 도박 자금을 마련하기도 합니다. 그러나 또 돈을 잃은 장병들은 더 복잡하고 비공식적인, 때로는 불법적인 방식으로 도박 자금을 마련하고 심지어 본격적인 경제 범죄를 저지르기도 합니다.

사례1 돈을 갚지 못해 탈영

최근 A중사는 고민이 많다. B하사가 급하게 돈이 필요하다며 50만 원을 빌려 갔는데, 갚을 기미가 보이지 않기 때문이다. A중사는 인사담당관 C중사에 고민을 털어놨다. 그런데 놀랍게도 C중사도 B하사에게 빌려준 돈을 받지 못했다는 것이었다. 알고 보니 대대에 B하사로부터 돈을 받지 못한 간부들이 더 있었고, 심지어 용사들도 B하사에게 돈을 빌려주고 못 받고 있었다. 장병들은 대대장에게 상황을 보고하고, B하사에게는 돈을 언제 갚을 계획인지 따져 물었다. 압박감을 이기지 못한 B하사는 탈영을 했다가 군사경찰에 잡혔다. 군사경찰 조사에서 B하사는 불법 온라인 도박 사이트에서 도박을 하다 돈을 잃자, 부대원들에게 돈을 빌려 본전을 찾으려 다시 도박을 했지만 결국 모든 돈을 날렸다고 진술했다.

불법 도박은 불법 금전거래로 이어진다

이렇게 불법 온라인 도박에 빠져드는 장병들이 늘어나다 보니, 추가 범죄로 이어지는 경우가 부대 안에서 생기고 있습니다. 추가 범죄는 처벌하면 되지만, 무너진 부대의 분위기와 부대원 사이에 생긴 불신을 쉽게 없애기 어렵습니다.

「육군 규정 180 징계 규정」에 따르면 용사들 사이에서 돈을 빌리면, 그 자체로 견책부터 감봉까지의 징계가 가능하며, 휴가단축도 가능합니다. 이유를 묻지 않고 돈을 빌린 행위 자체를 징계합니다. (단 1인당 월 1회 1만 원 이하의 자발적인 금전 갹출 정도는 가능합니다.) 용사들 사이에 돈 문제가 생기기 시작하면 부대의 단결을 크게 해칠 수 있습니다. 최근에는 도박뿐 아니라 주식이나 전자화폐 거래 등을 한다며 장병들 사이에 돈 거래를 하다가, 부대의 단결을 크게 해치는 경우도 벌어지고 있습니다. 어떤 경우에도 부대원 사이에 돈 거래를 하지 않는 것이 좋습니다.

대포통장과 대포폰

20대 초중반 장병들의 취약점을 파고드는 또 다른 범죄가 있습니다. 대포통장과 대포폰 범죄입니다. 정확하게 말하면 타인 명의 계좌, 공인인증서, 타인 명의 휴대폰 개설을 명목으로 수백만 원의 돈을 받는 행위입니다. 급하게 돈이 필요한 장병들을 노리는 범죄입니다.

누구든지 금융거래는 실명으로 해야 합니다.[5] 휴대폰 개설도 마찬가지입니다.[6] 모두 본인의 실명으로 휴대폰을 써야 합니다. 타인 명의 계좌, 타인 명의 휴대폰은 거의 100% 범죄(성매매, 도박장 운영, 주가 조작 등)에 이용됩니다. 사용 목적이 떳떳하다면 굳이 다른 사람의 이름을 빌려 돈 거래를 하거나 휴대폰을 쓸 이유가 없습니다. 범죄 조직은 아직 이런 사정을 잘 모르는 20대 초중반 장병들을 유혹해, 이들이 대포통장과 대포폰을 개설해주는 대가로 돈을 지급합니다.

범죄에 사용될 것을 모르고 통장과 휴대폰을 개설해 주었다고 해도, 그 자체로 형사처벌 대상입니다. 보통 대포통장, 대포폰 범죄 모두 300~500만 원의 정도의 벌금이 내려집니다. 대포통장과 대포폰을 만들어 주고 받은 대가가 보통 그 정도이니 범죄 조직에서 받은 대가를 고스란히 벌금으로 납부하는 셈입니다.

만약 범죄에 사용된다는 것을 알았다면 해당 범죄의 방조범이 되어 추가 처벌될 수도 있습니다. 범죄에 이용될 것은 몰랐다고 수사 기관에서 밝혀야 하지만, 대포통장과 대포폰이 범죄에 이용되는 것은 너무도 당연한 일입니다. 몰랐다고 주장하기 어려워 난감한 상황이 발생할 수 있습니다.

5 「금융실명거래 및 비밀보장에 관한 법률」 제3조 제1항
6 「전기통신사업법」 제32조의4

- ✓ 불법 도박 사이트에 100원만 걸어도 징계, 형사처벌 가능
- ✓ 용사 사이 금전거래도 징계 가능
- ✓ 대포통장, 대포폰 제의는 무조건 거절

찾아보기

ㄱ

강간 60
강력 성범죄 88
강제추행 65, 67
강제추행미수 70
개인 간 금전거래 152
거짓말의 기준 106
경계 12
계급 32
고의 67
공무원에 대한 폭행 24
공연성 47
공유(SNS) 141
공인 스포츠 토토 151
과실 125
과실치사 124
과실치상 124
교통사고를 내도 처벌받지 않는 기준 127
교통사고처리특례법 127
구호 조치 133
국방 정책 홍보 138
국회의원 총선거 142
군 SNS 활용 행동강령 140
군 기강 문란 범죄 41
군무원 34
군용차 126
군인 등 강제추행죄 69

군인의 선거운동 142
권한이 부여된 상급자 40
근무지이탈 22
근무태만 22
기수 64

ㄴ

녹취록 87

ㄷ

당연제적 94
대상관범죄 30, 41
대통령 36
대통령 선거 142
대포통장 153
대포폰 153
댓글 141
도박 148
동성 간 성범죄 61
뒷담화 46
디지털 성범죄 71

ㄹ

리트윗 141

ㅁ

명예훼손 47, 48
모욕 47
목격자의 진술 89
몰카 범죄 71
몸캠 범죄 71
몸캠 피싱 73
무고죄 105
미수 64
민간인 무단침입 25

ㅂ

반의사불벌죄 43
방조 117
범죄 기록 42
병영생활행동강령 37, 39
병영생활행동규정 37
보직 조정 86
보직 해임 86
보행자 133
보험회사 132
부사관후보생 35
부작위에 의한 방조 118
분대장 34, 37
분리 조치 86
불명예 전역 94, 113
불법 사설 스포츠 베팅 사이트 148
불법 온라인 카지노 148
불법촬영 범죄 71
불필요한 농담 81
뺑소니 130

ㅅ

사관생도 35
사관후보생 35
상관 17, 31
상관명예훼손 30, 46
상관모욕 30, 36, 46, 77
상관의 지휘권 41, 45
상급자 31
상담일지 87
상대방의 동의 59
상습적 51
생체 증거 89
선거권 140
선고유예 41, 42
성고충심의위원회 80
성범죄의 경찰 신고 88
성적 굴욕감 101
성적 불쾌감 78
성적 수치심 67
성적인 농담 81
성폭력 101
성폭력 범죄의 처벌 등에 관한 특례법 101
성폭력 피해자 국선변호사 제도 90
성희롱 51, 77, 78, 101
수사관 108
수하(誰何) 14
술을 마시고 주차 114
스마트폰 73, 139
신고 방법 54
신고 의무 83
신 병영생활행동강령 39

실행의 착수 64

ㅇ

악성 코드 앱 73
알코올 분해 116
암구호 20
야자타임 44
양성평등 계통 83, 87
양성평등기본법 101
언어폭력 32
업무 125
업무상과실 124
업무상과실치사 125
업무상과실치상 125
여군 상관 51, 77
여론조사 145
예비 64
욕설 46
운전병 126
위병부사관 15
위병소 근무 14
위병장교 15
위병조장 15
유사강간죄 61
유형력 행사 66, 70
음모 64
음주운전 112
음주운전방조죄 117
음주 회식 120
의제 62
의제강간 63
의제강제추행 63

의제유사강간 63
이중처벌 51
익명 140
익명 채팅 75
일반성범죄 58

ㅈ

작위 의무 118
전과 기록 42
전국동시지방선거 142
전출 조치 86
전파 가능성 47
접촉사고 132
정범 117
정치 관련 SNS 139
정치 기탁금 145
정치적 견해 138
정치적 중립 준수 의무 137
정치 후원금 145
제적 113
종범 117
종합보험 129
준강간 62
준강제추행 62
준군인 34
준유사강간 62
지휘관 86, 87
직무 관련성 39
진술서 93
집행유예 41, 42, 51

ㅊ

참고인 104
참고인조사 104
참정권 140
책임 범위 14
책임보험 129
초병 14
초병에게 모욕적인 발언 24
초병에게 위협 24
초병의 권한 16
초병의 의무 21
초병의 지위 14
초병폭행죄 24, 26
초소침범죄 26
친고죄 43, 59

ㅋ

카메라등이용촬영죄 71

ㅌ

타인 명의 계좌, 공인인증서 153
타인 명의 휴대폰 153
통신매체이용음란행위죄 71
투표 독려 144
투표 인증샷 143

투표확인증 143

ㅍ

폭행 66
피해자 105
피해자와 상담 87
피해자의 마음 92
피해자의 진술 90
피해자의 처벌불원의사 92

ㅎ

합의 91
합의금 92
합의금 조정 96
합의서 93, 96
험담 46
현역복무부적합심의 53, 113
혈중 알코올 농도 112
형사소송 92

2차 피해 49, 77, 79, 101
12대 중과실 128
119운동 120
apk 파일 73